非常生態人

馬屎

非常生態人
作者／馬屎
策劃編輯／山地
美術設計／ Factasy
出版發行／突破出版社
香港沙田亞公角山路 33 號突破青年村
電話：2632 0000　傳真：2632 0388
電郵：breakthrough@breakthrough.org.hk
網址：http://www.breakthrough.org.hk
http://www.btproduct.com
承印／陽光印刷製本廠
2015 年 6 月初版 1 刷

Super-eco-Man
by Maseecool
First Printing, First Edition, June 2015

Printed in Hong Kong
ISBN 978-988-8246-74-8

誠邀閣下就突破出版社的書籍發表意見

歡迎加入突破書籍 Facebook page — http://www.facebook.com/btbooks.page

本書採用環保油墨印刷

社會文化

目錄

第三部 人在田（上）

第四部 人在田（下）

第五部 附錄：永續生活中的設計案例

生態人成形紀

N年前

對將來不敢抱有希望，大部分日子都在自怨自艾中渡過。吃力地應付學業；無奈地面對朋輩的自私；心疼地看着森林被毀、河流被污染；自責地看着動物被殘殺但無能為力。日子一天一天的過去，我開始質疑人類存在的意義，也懷疑自己生存的價值。

終歸要面對生活，我唯有放棄出於本性而生的牛角尖問題，學習像普通城市人般生活。在此之前，我與靈魂約法三章：堅持生活上多菜少肉；多步少車；多思少休。工作上不要空氣污濁的工廠區，不要沒有新鮮空氣的寫字樓，也不要架構呆板的公務員工作。

環保理念上，堅持用手帕，因為不想樹林被砍伐、不吃魚翅，因為知道捕魚的方法太殘忍，以及不去婚禮飲宴，因為太浪費食物。

N 年前後約 10 年

幸運地，找到一份在海洋公園動物訓練員的工作。雖然每天要披星戴月地乘車坐船，折騰差不多兩小時才回到工作崗位，而商業化的動物表演工作又與理想有着巨大落差，但這就是真的世界！這時我想起一句話：「要出世，首先要入世。」

體驗了一年，我終於決定辭職，做一些每天要進出鄉郊的工作，過一般「麻甩佬」的生活，實實在在地體驗用手「搵食」的生活。幾年匆匆過去了，我終究理解「人類是神派來毀滅世界的終極生物」。在這個被加諸命運的牽引下，「我們所做的，我們都不曉得」。

N 年前後約 10 數年

是幸或是不幸，隱藏在體內的生態基因，叫我當上了獸醫助手。三年裏我每天都面對人、動物，還有他們之間的問題。再一次，我陷入存在價值的疑惑之中。

動物有生命；

人類有責任保護弱小；

我們有能力令動物健康快樂；

我是不是應該接受命運的挑選呢？

N年前後約20年

為了令自己老來不後悔（可能更後悔），我離開城市裏的動物工作，到郊外當野生動物的保育人。

四時的變化雖然是周而復始，但對於長居城市的人，要閱讀野性的脈搏，真的很難。水的刺骨、風的凜冽、陽光的熾熱、黑夜的陰森、雨水的沉重、霧霾的孤寂、蚊子的煩擾、毒蟲的神出鬼沒……我總算一一捱過，而且還能沉醉享受那種不在城市的舒坦。

又幸運地，工作上我得到不少用肉體記錄生態的機會：用眼睛和鼻子記着野味市場中動物的無助、用眼睛和耳朵來感受魚市場裏屬於海洋的傷痛，以及用眼睛和皮膚理解溪魚的脆弱等。

N年前後約30年

十年過去，終於，我的生命中只需生態，人類是無所謂的，可有可無。

從賞櫻、賞螢、賞雪、登山、臨海的人潮，我知道人都是愛自然，只是久居城市之後，對自然的畏懼多於理性的認知。

結果，有人疾呼要保護本地的自然生態，卻不在意自己正摧毀別國的食物鏈。又有人理直氣壯地聲討那些剝削自然的商家，卻甘心地屈服在財團的貼心服務之下。

原來，每個城市人都落入人力市場的圈套之中，身不由己地跟工廠雞一樣，生活被愚弄，生命被搾乾。我明白以人類渺小的能力，莫說保護大自然，就是不去破壞亦不可能。身為城市人，為生活，我理所當然地以積聚多年、複雜的生態經驗，賺取生活費。

原本以為經年在理想與現實之間兜轉，對現實應該不再心存浪漫；面對欺凌自然的事情，應該不會再流感性的眼淚。

可是，為了尊重賞識自己的伯樂而努力奉獻生態知識的同時，我對大自然、人類與其他生物之間緊緊扣連的關係，竟然多了一份理性的了悟——是因緣而聚，緣散則滅的虛無。

現在，我們有緣，我會好好的珍惜、享受和保護，那份 Man in The Eco-system 的真實存在感。

我是**鄉下仔**〃迷失的**少年時**〃
我的志願：做個**動物人**
由動物人到**生態人**〃在一片**樹林**工作了**15**年
一切由開**農莊**開始

第一部

生態人前傳

1 我是鄉下仔

小時候，我活在宮崎駿的年代！

宮崎駿的動畫，背景不是天馬行空，就多發生在 20 世紀 60 年代前的鄉郊、市鎮。那時候，經濟還未全速起飛：有車，但不多；有電器，但很簡單；有房屋，大都是木建築；睦鄰而守望相助；村落中有很多大樹和野花；溪水清澈見底，有魚在游、有蛙在跳。畫面叫人懷念也反省，哪裏才是發展科技和保存自然環境的平衡點，或說轉捩點？

70 年代香港的鄉郊市鎮，同樣處於這種轉捩點，而我正是這時空成長的鄉下仔。

我生活的地方，位於新界偏遠的山邊，是統稱為「非原居民村」的村落。村內每戶的居住面積都很大，大都是男人用木頭和鋅鐵皮搭建的寮屋，然後娶妻，就成為家。我家門前有小橋，接着是玄關、飯廳、客廳各兩個、房間四間，還有後園和雞舍。步入家門，左邊是浴室和約三、四百尺的開放式大廚房。飯廳有兩個，與玄關相連的那個，是單邊圍網的，供夏天穿「牛記笠記」時用的，地方通爽，不要說冷氣，就是連風扇也不用開。

這個玄關，是看門狗 Lucky 的領地。Lucky 是一隻長有鐵包金長毛的典型唐狗，眉頭各有一黃色斑點，被人叫做「四眼狗」。

Lucky 對人類很友善，但對鄰居的狗，輕則撲網亂吠驅趕，重則窮追猛打。每次回家時，身上不是黏着一身口水，就是滴着鮮血，非常勇猛。媽說，Lucky 與我同年出生，大月，因此對我特別照顧，不時到山下接我放學，而我也特別喜歡跟 Lucky 聊天。

另一個飯廳與客廳相連，記憶中最開心的打邊爐和團年飯都在這兒進行。晚飯過後，自然地移往客廳，一家蓋着棉被，半躺在木櫈牀上看電視。這種家庭生活，好不溫馨。

我們有四個睡房：妹妹跟爸媽共用一間；我和哥哥住另一間；第三間給貓媽咪和她三個孩子使用；最後一間留給外婆或表兄妹來渡假、短住。

連接後門是一個長方形的大空地，一株很高很高的蒲桃樹，豎立在後門旁邊。春末開始，淺黃帶綠的毛毛球花盛放。夏初，樹上掛着黃色圓圓的果實，脆甜多汁，由於內藏一顆啡色大波子，搖起來，會發出「咯落咯落」的怪聲，好不有趣。

樹下掛着「阿德」，牠是舅父送給我的綠色亞馬遜鸚鵡。每個早晨，當我推開後門，阿德都會高呼「細佬早晨」，然後重複四、五遍。

「阿德」能說話、愛唱歌，但從不煩人，對牠說「Hello」，牠就答「Hello」、叫牠「早晨」，牠就回「早晨」。牠能辨認家中各個成員：我是「細佬」，看見母親就喊「媽媽」，而哥哥則是「大佬」，從沒叫錯。

除了阿德，後園還住了一隻黑白色的唐狗「有利」。有利太性野，一鬆開鎖鏈，不是瘋狂亂跑，打破家中的杯碟花盆，就是離家出走，弄至一身爛臭才肯回來，所以牠沒有 Lucky 般的 lucky（幸運），整天被鎖鏈綁着。不過，長期被鎖上，令牠變得瘋癲，不到幾天就高聲亂吠，並嘗試狂扯鎖鏈。失去自由，好不可憐！

至於，「大白」是一隻普通的短毛紅眼大白兔，是老爸花上25元在寵物店買給我的。大白最愛吃芒草的葉，其次是野通菜，有時我把紫心蕃薯攪伴白飯後，再餵給牠。要是沒空，又或懶惰，就亂拉五爪金龍葉和籐蔓餵牠，大白吃後多數會拉肚子。

忙透了的小學日子！

這個後園，長，要行40步；闊，要行20步，是我的動物園。我時常在那裏看見斑鳩、麻雀、蜜蜂、蝸牛、蝴蝶、蚯蚓、蟾蜍、螢火蟲、蝙蝠等生物。

這個後園同樣是我的小花園和小菜園，當哥哥妹妹賴在木欖牀看電視時，我總是忙着掘掘鋤鋤，又或修修剪剪；當哥哥妹妹賴在木欖牀午睡時，我多數正與動物朋友們聊天。面對這個超自然的小孩，家人看在眼內，能不擔心嗎？

後園又有另一道門，是進入雞舍必經之路。在鄉村，家家戶戶都放養走地雞，又或鵝、鴨、鴿。在村內，算我家養得最多，大約有30、40隻。不似鄰居會讓母雞孵小雞，我家的母雞，主要是生蛋的。從有記憶開始，我每天第一個動作不是尋常的去小便或擦牙洗臉，而是拾雞蛋。每隻母雞都有專屬的「竇」，籐椅上的是「女皇」、膠盤中的是「鬍鬚妹妹」、會啄手的是「倀雞英」等，我都認得。

拾雞蛋很容易，只要慢慢靠近母雞，不緩不急地探手進入母雞的腹部，然後輕輕地把暖暖的雞蛋取出，最後說一句「辛苦晒！」事就這樣成了。

由於母雞們都生產勤快，早晨都可採到一大籃蛋，因此，每星期我家都能給住在城市的親戚朋友，送上大量農場靚蛋。母雞們都不怕我，生完蛋後，都會「咯嘟咯嘟」的叫喊。不過，剛產下的蛋是奇怪地軟綿綿的，蛋殼還沒有完全變硬，觸感甚為古怪！

這個家很奇怪，上大號廁所是位於雞欄的最後方，離大門最遠，是兩角對立的。妹妹從不用這個廁所，因這廁所外面有雞、蚊、蒼蠅，裏面又有蜘蛛、壁虎、屎蟲，通通是她最怕的東西。

在鄉村，鄰居幾乎等於親戚，有的稱為乜生乜太，但更多是叫叔叔嬸嬸、婆婆公公。他們很親切友善，經常照顧我們幾兄妹。

大部分鄰居都在城市打工，其餘則是種菜或養豬養雞的農戶。週末，大人們你來我往的在麻將桌上討論兒女經，又或地區和國際大事。小朋友就盡情看電視，吃零食和打遊戲機。

我亦很忙！凝視繞着烏絲燈泡亂飛的甲蟲和飛蛾，還有地上陰暗處亦步亦趨的蟑螂，又或牆上相架旁邊正狙擊飛蟻的壁虎。原來白天的生物只在白天出現，跟晚上的生物不一樣。這個家很有趣，除了住了我們一家五口，還有數十家禽牲畜、大量野花野草、無數昆蟲、雀鳥、蝙蝠等野生生物。

回憶中有這段住在寮屋的日子，真好。

2 迷失的少年時

出生後的 15 年，我都是自由地在鄉郊闖盪，懵懵懂懂地觀察大自然，腦袋裏面總是盤旋着：「沒有爸媽教，鳥兒為何會飛、會唱歌？有顏色的花為什麼都沒有香味？彩虹的腳在哪裏？乘車時，月亮為什麼老是跟着我？晚上的太陽真的去了睡覺嗎？雨點為什麼有長有短？……」多天真！

從卡通或漫畫得知，答案是要自己去尋找的。於是我嘗試走到山上的那塊大石，眺望全村景色；帶着筲箕，去那個傳説中曾浸死小孩的魚塘捉大肚魚；捕捉樹上鳥巢中不知名的無毛雛鳥藏在牀下飼養，還有去鄰村菜田看農夫耕田。每次勇敢的突破，在父母、鄰居眼裏，卻是頑童的不要命行為，換來飽飽的「籐條炆豬肉」。

在宮崎駿的動畫中，小孩都生活在大自然裏，他們都有與生俱來的夢想和傲骨，然後咬緊牙關，勇敢地去面對成長的磨練，承受由大自然而來的種種怒吼。由此呈現人類與自然和平共處的存在模式。

可憐的是，那段鄉村生活的回憶中沒有宮崎老師！正常的小學老師都是從城市來的，他們衣着畢挺光鮮，教員室空地泊滿他們的房車。他們努力地令我們明白「鄉下仔」等於「傻仔」，住在新界鄉村等於沒有前途，不懂科技的人是原始人，因此小學課程中只有少量談到「自然」的內容！那時我常會想：「農夫栽種蔬菜瓜果，賣了，就有錢養妻活兒；農夫又不用説話，只要種出『靚菜』便可，能成為農夫，多好！」

但長輩都說：「耕田辛苦又賺錢不多，想做農夫！傻的嗎？」「飼養豬、雞、鴨、鵝又骯髒又困身，想在農場打工，傻的嗎？」

十號風球襲港，我家屋頂鋪了瀝青的部分被強風揭起，屋內多處漏水，鐵窗框上的磨沙雕花玻璃，過半被吹起的雜物打破。雖然擔心屋外的有利、小白和母雞們，但風聲雨聲太恐怖了，真的不敢走出去拯救牠們。仍是小學生的我，對於不能與牠們共患難而內疚，同時感受到人類在大自然的憤怒下，只能自求多福。

冬季是旱季，靠吃山水的我們要到山下打井水。媽媽挑大桶，我和哥哥挑小桶。

每次吃力地爬過冗長的斜路，回家把水倒入大瓦缸時，才發現水缸是可怕的深淵，空得要命。有自來水，多好！

家中有三條「化骨龍」，要吃要玩又要供書教學，爸媽拚命賺錢，早出晚歸，我們三餐得靠年老的外婆打點。Lucky、有利時常不夠東西吃，雞舍很髒亂沒人打理，貓媽咪的房間更是充滿阿摩尼亞，臭得要命。當生活遇到沒時間、沒能力和沒有錢時，是何等難過，獨有過萬呎的空間又有何用！

我一直自傲擁有圖像思考和記憶的天賦，看過的生物和面孔，都能輕易從外貌聯繫其特徵以至名字，但在文字主道的「填鴨式」教育中，這並不管用。從小一開始，中國和英國語文科的問題不斷累積，漸漸令我害怕看書寫字，成績每況愈下，最後更成為班中有名的「抄功課王」。

也許思想太單純，喜歡看卡通片，小學生愛分黨分派的權力遊戲，覺得太幼稚，而沒有一點興趣，寧願成為孤獨精亦不屑為伍。就連家中哥哥和妹妹，他們一個有小聰明，懂得欺負弟妹；一個知道自己年紀小，懂撒嬌，於是往往只有我被欺凌。久而久之，我變成一個只愛與貓貓狗狗、甲蟲蝸牛玩耍，孤獨的野孩子。

不知是否兒童都有迷失的時期？

兒童在迷失時期都會自閉在家，
躺伏在電視機前無所事事。

從電視裏，我知道非洲有獅子、大象和長頸鹿；斑馬、角馬每年都要大遷徙；大鱷魚則會埋伏在動物必經的河道中等待牠們一年一度的大餐。同樣，我看見打仗、雨林被毀、河流被污染、海洋被漁船的拖網蹂躪。

人類的存在是為了破壞環境嗎？人類的生活是為了搶奪自然資源嗎？人類的夢想是毀滅地球程式的原料嗎？沒有將來的生活，能有意義嗎？

成長中的我，是個鬱結的小孩，對大人的世界充滿疑問；長大了的我，期望作個反動，要別人對自然世界充滿好奇和探問。

3 我的志願：做個動物人

平凡的少年，在新界鄉村居住，尋常地上學、放學、看《閃電傳真機》，吃飯睡覺拉屎然後再上學，生活就是如此了無生趣。唯一叫我嚮往的，是電視屏幕出現的非洲大草原，那是我夢寐以求的天堂。但怎樣才能到達彼岸呢？我是毫無頭緒，幸好給我找到了一位老師——珍古德（Jane Goodall），她是我兒時的偶像。

珍古德的名字，沒有幾個城市人聽過，卻是動物人中無人不識。1934 年出生於英國的她，自小已有出走非洲親近野生動物的夢想。23 歲那年，她夢想成真，但試想一個年輕女子，隻身遠赴荒蠻非洲，那裏有食人猛獸，而且政局動盪，究竟需要多少的熱誠、堅持、勇氣和膽量？一介平民，完全沒有科普背景，究竟可以待多久？能否找到相關的工作？實在是一場沒人看好的危險賭博。

因緣際會，她巧遇人類學家路易士李奇（Louis Leakey, 1903-1972）。李奇想藉觀察和研究大型靈長動物，從而找尋人類起源。珍古德加入這份難得的動物工作，研究謎一般的人類近親——猩猩。

經過一年的田野考察，她的專注和堅忍，讓路易士對她投以信任的一票，送她回英國進修靈長動物的行為。1960年，她返回肯亞，旋即展開新一輪的田野考察工作。「筍工」與否，見仁見智，因工作的關係，她需要長時間留在森林，觀察和記錄猩猩族羣生活上的所有大小事情。在非洲的森林裏，不要説毒蟲猛獸，單單擁有應付全天候工作環境的體能，就是男性都難以堅持。

兩年以後，古德再被送到劍橋大學攻讀動物行為博士。那時候，沒有大學學位而直接讀博士的例子只有八個，而她是其中一個。

1965年，成為博士的她急不及待返回非洲，接着的30年，把青春全都奉獻在黑猩猩的田野調查上。

她在保護區裏觀察一個黑猩猩的族羣，給每隻猩猩起名字，記錄牠們的起居飲食和成員之間的相互關係。年復年的生活在樹林中，四季的更替，氣溫、日照的變化、生物之間的共生關係，在她眼裏都熟悉不過。

在科學家還未證實黑猩猩與人類的基因差別是少於2%時，古德已從費時、重複和沉悶的貼身觀察，發現她這羣黑色的朋友與人類一樣有階級、合作和欺凌；會擁抱、接吻和拍背安慰。她更發現這羣猩猩懂得製造採集白蟻的工具，時常聯手進行狩獵。更甚者，為了鞏固自己在族羣內的地位而殘殺同類。基因相近，思考模式一樣，難道猩猩從前果真是人類的親戚？

她的觀察結果不但衝擊人類的道德界線，更證實了野生動物的智慧和能力是遠超我們的認知。

珍古德成功做出一個榜樣，讓後輩知道田野調查的重要性、目標和內容設計。

個人品格上，觀察員需要默默的全身投入，鍥而不捨的追尋，才能真正認識那些思想、行徑與我們迴異的野生生物。

並對變化萬千的自然生態，有多一點切膚感受。

學業成績不理想，但憑着效法古德老師的堅持，我幾經轉折，終於能夠達成夢想，成為一個工作和興趣都與野生生物分不開的「動物人」。原來除了我，世界各地還有其他崇拜她的「粉絲」，致力學習她的不懼凶險，身體力行去經歷自然。

對她的模仿，慢慢成為一種田野調查人的潛行為。為了考察，我能忍受幾天不擦牙不洗澡，強迫自己享受那份「醃咸雞」的感覺，也練成極端的飲食習慣，好味的固然要吃，難吃甚至恐怖的都要欣賞，因為有氣力才能繼續上路和觀察。此外，要摒棄個人喜好、情緒、作息習慣；跟隨大隊的步伐，要起來馬上起來，半刻都不能懶。在大自然要練習平常心，面對日曬雨淋、北風直吹都不能動氣；蚊、螞蝗肆意吸血也要從容處理。肥肉「一舊」都不能多，大舊肌肉也要不得，會阻礙穿林和攀爬的敏捷也要不得。黝黑的皮膚能減少紫外線的傷害，要！結實含蓄的肌肉最耐勞，要！唏噓的鬚根配上短而亂的頭髮，能迅速催眠自己，進入野人模式，要！啡、灰、綠等帶自然色彩的衣服，穿舊、穿破了更有自然味，若能帶點酸臭就更完美，要！

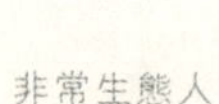

在動物人的眼裏、身上，你可能看不見自己，但一定看見陽光、樹影、雨水或生物。

動物人能為親睹夢寐以求的生物而捱更抵夜，餐風忘我地將所有注意力集中去了解和認識一種或一類生物。宿露、斬七情、斷六慾，常抱「別人笑我太瘋癲，我笑他人看不穿」的出世自傲而生活。總之生物就是生命，生命沒有動物，死不足惜。

入行超過十年，雖然一直以古德老師為奮鬥的榜樣，但自問沒有出走曠野30年的能耐，況且，我不能灑脱地拋棄父母家人。在家庭觀念較重的中國人社會，在香港相對簡單的自然環境，我決定在這個城市深耕繼續實踐我的自然夢。

4 由動物人到生態人

一直以為「死背」各種動物的名字，硬嚼圖鑑上的精美圖片，就算是認識牠們。直至入行後，才發現要認識動物，還要認識牠所身處的環境。原來，不同動物的分佈和配搭都與氣候、地理、人類活動的模式和歷史有着不可分割的互動關係。香港的動物人要深度認識香港的生物，必先要知道香港是什麼地方。

香港是國際金融中心、中西匯聚的大都會，還是深圳的後花園？於我，香港是位於歐亞大陸的東南海岸，三面環海，北面與大陸的梧桐山相連。這裏曾經是活躍的火山帶，現在佈滿了各式各樣的火成岩地貌。西面是珠江臨海出口，由珠江帶來的沉積物，使新界西北部，即后海灣一帶的土地特別肥沃。

由於位處熱帶與亞熱帶的交界，這裏雖然春秋較短，但都有分明的四季。夏季的降雨量佔全年的80%。冬季，位於廣東西北面的南嶺山脈，將自西伯利亞吹來、既乾燥又帶戈壁沙塵的冷風擋住。使陸地的溫度能保持平均攝氏15至20度。

另一方面，由於受到從菲律賓而來的溫暖海流——黑潮的影響，海水的平均溫度為攝氏 16 至 17 度。各種地理優勢，結果造就了獨特、多樣並肥沃的生態環境。根據考古發現，三萬年前已有人類在香港活動，經歷不同朝代裏不同氏族的移入、遷出。

沿海平地多被開闢為漁港；樹林、平原被開墾成耕地，而高山上的斜坡也被用來栽種茶樹。雲豹、熊、長臂猿等「大型」野獸，犀鳥、鶴、啄木鳥等「大型」禽鳥，慢慢無處容身，死的死，走的走。

清末太平天國起義，大量移民從廣東各地湧入，人口由 1851 年的 33,000 人，激增至 1865 年的 12 萬人。1949 年中共政權成立，數以萬計的人從大陸逃難到香港，截止 1951 年，人口達 220 萬。之後的 30 年，因着政局動盪，持續有大批中國人偷渡至香港定居，土地受到前所未有的壓力。由平原到山邊斜坡，都被寮屋覆蓋。都市急速發

展，差不多令所有平地都被平整，建成木屋農村、寮屋村落、又或是石屎高樓。新市鎮持續擴張，直至緊貼郊野公園的邊界。結果，香港有着親密的城郊關係，我們若要上山下海，比世界上任何一個同級城市都要方便。只是，我們香港這個特殊的地理位置也同時被消失了。

我自許為鄉下仔，自小在鄉村亂闖，對什麼時尚、科技和經濟都摸不着頭腦，但就練成異常的野外洞察力，享受人在野的生活。年少氣盛，在零心理負擔的狀態下，每當工餘假期，我都會相約山友、蟲友、鳥友或魚友一起往郊外跑。溯澗鏟林較易找到同路人，在大小山徑上亂跑，甚至一起去跳水潭、跳海，快樂極了。朋友們都愛挑戰體能，享受流汗，而我在汗流浹背的同時，靜靜從自然中尋找龜、蛇、魚、獸的蹤迹。

幾年來的體能訓練，令本來結實的小腿變得更為結實，敏捷的身手變得更敏捷。可惜，朋友之中沒幾個動物人，而我的工作時間也非如規律型的上班族，朝九晚五，週末兩天休息。若要往郊外跑，唯有習慣做一個孤獨的動物人。

雖然從小習慣孤獨上路，但為求省時，我找來「單車」作野行夥伴。縱使山路何等崎嶇難走，它總是堅強地與我一起捱過，以最快的速度，完成原定路程。

我們一起到白泥、流浮山、南生圍一帶看水鳥；去大欖涌水塘找溪魚，甚至晚上去烏蛟騰、大帽山觀賞螢火蟲和找青蛙。

看多了，就發現自己對大自然的認識十分膚淺。於是，立志從辨認雀鳥開始，認真地了解大自然。

香港位於世界有名的「東亞——澳大利西亞遷飛線」（East Asian-Australasian Flyway）上。每年 10 至 4 月，大羣的「過境遷徙鳥」或「冬候鳥」聚集在后海灣，長途跋涉的南遷北返，令牠們異常飢餓，只顧在泥灘、濕地狼吞虎嚥，沒閒暇理會那些用望遠鏡，在老遠監視着牠們的人類。

觀鳥，真的很有趣。

冬候鳥去，夏候鳥來。在尋找那些棲息在山林之中的雀鳥時，我發現原來樹林裏還有不少色彩艷麗的蝴蝶、很多奇形怪狀的菇菌、大量美麗的野花，還有更多我不明白的自然現象。

有一次，偶然碰上在溪石上瀟灑跳躍的紫嘯鶇。全身上下是充滿生命力的紫藍色；在牠身後，我看見嫩綠的苔蘚；在牠嘴裏，我看見鮮紅色的蜻蜓。在這幅美麗而有趣的圖畫裏，我看見生態。

我的生態眼睛是這樣打開的。原來，一直「死背」硬嚼各類生物的名字，對於了解大自然是沒有幫助的。我發現唯有認識生態，即是了解自然、人類與生物之間的共生關係，自然和生物才可以進入我們的生活裏面，我們才能從中得到大自然的智慧，或者說，做人應有的智慧。

5 在一片樹林工作了15年

自小以做與動物有關的工作為目標，常幻想若果可以在亞馬遜熱帶雨林工作，我一定會從超過40米高的樹冠慢慢游繩滑下，仔細觀察雀鳥、猴子和毒箭蛙的所有行為習性。若果可以在大堡礁工作，我一定會整天背着氧氣瓶，在珊瑚和海葵間飄蕩，把每一種生物的名字記錄下來。若果在非洲的動物拯救中心工作，我定會細心地為長頸鹿包紮傷口，又或餵小犀牛喝奶。若果我能夠以動物工作為終身職業，將會是多幸福的人生呢？

上天對我不薄，繼海洋公園的動物訓練員、新界鄉村的土地測量員和動物診所的獸醫助手後，又給我一份動物保育（Fauna Conservation）的工作，而且一做就是15年。「動物保育」是什麼？從字面大概只能估計是保護動物的工作吧！

15年前，若你的答案是拯救受傷的動物、照顧年幼鳥獸、進行田野生物調查，以及教育市民等，與動物有關的事情，都是對的。當時香港的野生動物科學研究或拯救工作才剛起步，內容是含糊的，分工沒那麼清楚。於是，我可以快樂地從工作裏學習各種與大自然和動植物有關的學問。

回想起來，喜歡動物的我，初入行時最令我印象深刻的竟然不是動物，而是樹林。

我所服務的機構，位於一個佈滿大小樹木的山坡上，樹齡大概是 40 多歲吧。雖然並不參天，但亦不乏樹幹粗壯、枝葉繁茂的大樹。

我在 4 月入職，那時正是樹林生物一年中最活躍月份。雀鳥活潑地在唱歌、各式各樣的蝴蝶忙碌地於花間穿梭、青蛙性急得在大白天亂叫亂跳。一片生機處處的景象，我看在眼內，卻被這些生物所居住的大樹和由不同樹木構成的連綿樹林所吸引。高聳的楓香、粗壯的樟樹、翠綠的朴樹、全身長滿紅色小果的雀榕，還有很多大小高矮各異的不知名樹木，身處其中，呼吸着充滿負離子的新鮮空氣，有別於烈日的粗獷。樹林所散發的是溫柔平和而源源不絕的能量。從入職後的第一天起，我利用午飯後的小休，探索溪澗兩邊和山頂擴展的樹林。不到兩星期，我已把林內所有山徑走畢，但由於當時對植物的認識膚淺，在樹林之中遊走，我只能感受到不明所以的愉快。

工作範圍從餵食、清潔、籠舍設計，以至打針餵藥等。

在工作上，我的職責主要是照顧動物，包括松鼠、袋鼠、野豬、箭豬、鸚鵡、孔雀、各種水龜和陸龜等，而從工作中，我知道很多鮮為人知的動物習性上的知識，如野豬最愛吃蕃薯和芋頭，箭豬身上的箭是不能射出的、鸚鵡需要不停地咬東西，來磨短不斷增生的鳥喙、中上游的溪魚都怕熱，夏季不開空調是會中暑的、蛇約一星期餵食一次便可、很多從熱帶來的龜是不懂冬眠的等。由於工作牽涉各種平常不能接觸的飛禽走獸、魚類爬蟲，因此每天都是新鮮有趣。能近距離欣賞、撫摸着各種動物，不就是我夢寐以求的工作嗎？

若果是貓、狗、雀鳥等尋常寵物，飼養的重點是以人的喜好出發，例如給牠們穿上漂亮的衣服，又或者用方便預備的合成飼料餵飼牠們，讓主人在忙碌的生活中，仍可享受飼養寵物的樂趣，但照顧野生動物就不同了，必須先考慮不同動物的感受和天性，儘量保留牠們自然的本能，例如面對聰明的獼猴，每天都要預備不同功能的「玩具」，如帶花的樹枝、要動腦筋才能獲得食物的各種餵食裝置，還有天天都有點不同的籠舍擺設等，解悶之餘也能滿足牠們的好奇心。至於夜行性的貓頭鷹，需要給牠們佈置白天躲藏的樹叢，餵飼的時間儘量在黃昏，而食物以冰鮮的小白鼠為主，不能餵合成飼料或罐頭食品。每每有素未謀面的受傷動物，或被海關充公而送來的動物，我都急不及待去圖書館看書、上網、問朋友或前輩，希望了解牠們的行為習性。興趣驅使我學習，很快，我張開了「動物眼」。後來，大部分送來的動物，我都能以分門別類的方法，為牠們提供適切的照顧。

踏入5、6月，夏季正式開始，又曬又熱，新一年的樹葉長出，樹冠變得濃密，整片樹林都是沉實的深綠色，有點納悶。這時只有開滿一樹橙紅色花的鳳凰木，還有開紫色花的大花紫薇較為搶眼。在樹林內外，各種蝴蝶都一湧而出，紅、橙、黃、綠、青、藍、紫，不是忙着採花吸蜜，就是互相追逐求偶，令人看後心情開朗。

同時，雨季開始了，樹林給洗滌乾淨，每棵樹都顯得更蒼勁挺拔，而且看上去，明顯比三個月前大了許多。

這時，我常獨自探索樹林中的溪澗，一方面享受炎夏溪水的清涼，另一方面鍛煉穿林溯澗的身手，為夏末開始聚居的龜類及淡水魚類的野外調查作好準備。

這條溪澗由上而下貫穿整片樹林，最先在這裏扎根的樹是依水而生，因此沿澗而上可以找到最闊的板根和最魁梧的大樹。

中秋過後，為了應付嚴寒的冬季，樹木開始收起輕挑的傲氣，謹慎地為過冬做好準備。雖然我愛看樹木固執地把生命燃燒到最後，就算死了也屹立不倒。但看着葉子失去生命，由綠轉黃，黯然落下，最後只剩下粗糙嶙峋的樹幹，是淒美得叫人心酸。

一年之中，秋季較短，這時我往往需要離開這片樹林，忙着在香港和廣州進行街市裏的野生動物調查，用紙和筆將品種和數量記下，用眼睛見證令人心傷的殺戮景象。回到樹林的時候，原本還枝繁葉茂的樹木，葉子早就落光，在冷風中無奈地沉睡。蕭瑟的景象，把我對人類殘忍對待小動物甚至是同類的怨忿，轉化為埋怨自己無力施以援手而自責的矛盾。這種心情一直陪伴我渡過普天同慶的聖誕節，還有喜氣洋洋的農曆新年。

初春，樹木在寒風中仍然了無生氣，只有雀鳥自得其樂，仍在蹦跳唱歌。

這時，我必定登高，在接近山峯的地方，有幾株梅花和櫻花樹已經按捺不住，開滿一樹嬌艷的粉紅，慷慨地為正在捱餓的昆蟲送上豐富的花蜜大餐。

櫻花之後，梨花、吊鐘花、茶花、象牙花、楠樹花等相繼綻放。轉眼又是三月，這是一年之中樹林最嬌艷的月份。光禿的朴樹在一晚間長出嫩綠的小葉，並且開始抽芽，惹來各種柳鶯和山雀啄食。楠樹、春花新抽的葉芽是紅色的；楓香、樟樹和梅花是嫩綠色。明顯，樹林正慢慢地從寒冬中蘇醒過來，一轉眼，萬紫千紅重新擺在眼前，冬天無奈的心情頓然消失，正能量再次注入體內，昂首挺胸，繼續為了保護大自然而努力。

15年過去，樹林長大了，樹木長高了，我對這片樹林是心領神會。花開有時，花落有時，抽芽有時，落葉有時，自然規律循環不息，但看見由人類引起的生靈塗炭，仍感到隱隱作痛，仍認定保育是自己終身的工作，是這一生的使命。

6 一切由開農莊開始

2003 年是香港重要的一年。那一年，沙士肆虐，奪去 299 條人命；也許，許多人沒留意，它同時奪去數以萬計果子狸的生命。為了記念那些在 2003 年為我們白白犧牲的果子狸，我在 2007 年開了「白鼻心・歷奇・農莊」。

果子狸是嚴重急性呼吸道症候羣（Severe Acute Respiratory Syndrome, SARS；俗稱「沙士」）的宿主，以致全球有 8,000 多人受感染，775 人因其死亡，單單香港就殺了 299 人。但，為何把果子狸說成似是無辜的代罪羔羊呢？

話說早在 2001 年，因為工作的緣故，我到大陸多個野生動物市場做物種數量調查。那段時期，中國人、香港人都對野味趨之若鶩，在市場內擠滿各種飛禽走獸，連珍稀動物亦比比皆是，待價而沽。

動物人常無奈地說：「要學物種辨認就該去大陸的街市，要尋找瀕危動物更要去街市，但一定要快啊！看，同胞吃得這麼狠，所有野生的東西，恐怕快要被吃光了！」

當時，最大野味市場在廣州郊區，面積比維園還要大，裏面混雜着過千種野生動物，總數過十萬。果子狸是那裏最受歡迎的野味之一，價廉物美，隻隻既精神又肥壯。牠們從繁殖場而來，是圈養的「野生動物」。在賺錢為先的原則下，牠們居住的空間不會清潔衞生，食物不會新鮮均衡，受傷、病了就被亂七八糟地餵食不同的藥物，生得不夠快就被迫服下各式各樣的「補充劑」。久而久之，培養得強壯健康的只有各種細菌病毒，而「沙士」只是其中一隻較惡的病菌吧了！

果子狸本來應該在樹林裏自由攀爬、快樂地採食甜味果子，然後與家人同伴擠擠迫迫地在樹洞內睡覺。現在被人類自私禁錮，不人道的剝削，然後被造成帶病毒者，最後被滅殺，不是很無辜嗎？正正顯示出，人類因為不尊重大自然而惹來咒詛，要流其他動物的血來平息？人類是天性兇殘，抑或只是愚昧無知呢？

我寧願相信人類只是無知。因此相信我自小抽離人羣，在大自然中學習是一個安排。現在是時候返回人間，為了動物朋友，應以自己多年來在大自然遊走後所得到的領悟，立志對人類訴説不同的自然法則和各種生態故事。可是，這個志願很難實踐！這個城市，大部分人都喜歡「人工」的自然，若要他們往郊外跑，不容易！要那些連甲由都怕得要命的城市人欣賞那些六腳生物，也不容易！誰不知高壓的生活有損精神、污濁的鬧市空氣令呼吸系統生病、食物內的化學添加劑嚴重影響健康。看！人類糊塗得連不斷傷害自己、傷害別人亦已變得平常，變成麻木，全然失去判斷對錯的能力！

難！面對這麼的一個社會，可以怎樣推廣環保、鼓勵保護野生動物呢？

我想，首先唯有承認，現世代是地球另一次物種大滅絕的前奏，是《聖經》預言的末世時代。面對大部分人共同作孽引起的巨大力量。

渺小如我所能做的是順應自然發展，期間學習「活化」自己，就是活出自然美，然後期望以生命影響生命的方式，讓別人同樣能在自然中得到領悟。

我回憶和重組兒時的鄉村生活夢，但要將虛幻的童夢成真，應該身體力行地把生活、鄉郊和生態扣連起來。我要住在郊區，儘量感受到大自然轉變、身邊常伴隨不同的動物和植物！我要種菜！

數年間，我糊裏糊塗的，竟讀了很多書，其中塩見直紀的《半農半X的生活》（編者按：塩見直紀認為，每個人腳下都有「X」，只是沒有認真去發掘。），教我在未能成為全職農夫前，如何以本身的專業繼續貢獻社會。看了區紀復的《鹽寮淨土》，明白簡樸生活是怎樣想像，如何實踐。Bill Mollison 的 Permaculture: A Designers' Manual 永續農業設計，教我如何閱讀大自然中的各種能量、規律、法則、生物、社區和我們之間的複雜互動關係。光華叢書的《中國人與動物》讓我明白到，在中國人體內流動着的是怎樣的一種動物文化。我心裏的田園夢愈來愈真實了。

不久，在大欖涌郊野公園旁邊的一條小村內，我找到了一塊大約兩斗大的半荒廢農地。這塊地在車路旁邊，背有廣闊的樹林，前有清澈溪流，光坐在田中就能看見不同種類的雀鳥、昆蟲，甚至箭豬、豹貓、果子狸、鵰鴞等不尋常野生動物。

為了長遠的發展，我計劃運用本身的專業，建造一個以水生生境為主題的「優閒有機農莊」。現在，香港人對生活質素和食物安全的要求愈來愈高，不用化學肥料、殺蟲藥、激素等有害物質栽種的有機農產品，理應會被高度追捧。農莊內鳥語花香、魚游蝶舞的優美環境，能為常處高壓狀態的城市人提供一個完全抽離和放鬆空間。再者，以生態為主題的有機農莊，這是第一個。對於學校內的通識老師，這個農莊應該別具吸引力。

對於沒有營運農莊經驗的我，要多少年才能收支平衡、多少年能賺取第一桶金並不重要。

作為生態人，我的定位就是觀察大自然、了解生物，並做一些水生生境復育的實驗。從實踐的過程中，尋找與大自然和諧共存的可能性。

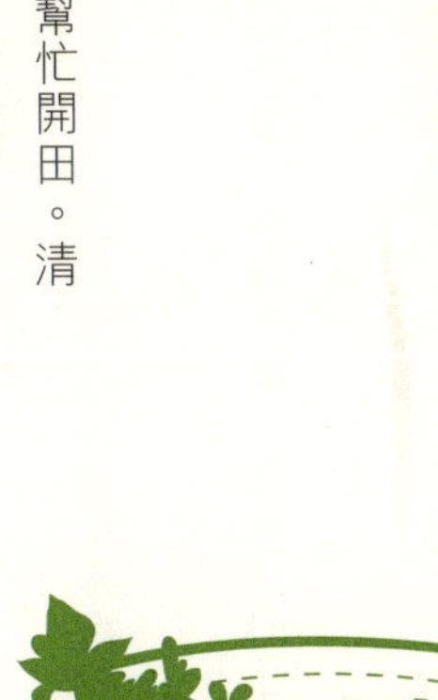

2007年5月開始，我拉了幾個有肌肉的朋友幫忙開田。清理場內的垃圾雜物和雜草、掘水坑和水池、起田畦、築梯級、平整活動空地、搭花棚、種樹、種花、種菜、培苗等，沒完沒了的基建工作，令我們筋疲力竭。

花了兩個月時間，農莊的主要基建和第一期的種植終於如期完成。我將農莊活動的推廣和帶領各類工作坊等頭痛的工作交給朋友，自己則雀躍地埋首在農地生態復育的實驗中。

「半農半X」實踐起來真的不容易！

由於另有全職工作，要在工餘照顧田裏的農作物，配合季節，適時落種、移苗、澆水、追肥、收割，還有烹煮試味，工作量是出奇地重。定期的生態調查，雖然非常充實，令我獲益良多，但愈做愈發現對大自然不了解；愈不了解就愈想知道。於是不停地翻書、上網、求教專家或師兄，期望儘快找到答案。這本來是學習應有的態度，但學海無崖，而大部分的答案都不是非黑即白，可能是一連串的化學關係，又或是生物為適應環境而演化出來的特別行為等，於是又衍生出另一堆問題。

兩年過去，雖然樂在其中，不能自拔，但體能和精神因高度透支而時常處於精神恍惚的狀態，導致不斷犯錯！

幸運地，農莊因旁邊進行大型渠務工程而被迫結束，雖有不捨，但我卻因此得到釋放。

這兩年的體驗和觀察，令我更明白生態的艱深、更能體會前輩的犧牲、更清楚若繼續走生態恢復和保育，絕對會是一條有意思的死路！

可幸，辛勞並非全然白費，「白鼻心・歷奇・農莊」成為一個示範，讓其他的有機農莊知道「有機」與「生態」是匹配的，將生態原素加入農莊之中，除了有助有機生產，亦吸引城市人的眼球。

我的城市生態之路，就由有此正式開始。

我的**四季** 〃 由**南生圍**開始

看**螢火蟲**的浪漫 〃 我愛森林**破壞王**

蝸牛的無限可能 〃 **蝶**變

我最愛的**龜** 〃 喜愛**逆流**

第二部

人在野

7 我的四季

香港 3 月的平均溫度只有攝氏 20 度左右，要怕冷的生物離開溫暖的巢穴，恐怕要到 4 月，但在大小池塘已經可以聽見「格格格格格格格格格格」的黑眶蟾蜍的叫聲。我也在這個時分，離開巢穴，在郊外四出遊走。

夜深走入鄉郊，常見遠處小屋，有晃動的昏黃燈光，一大羣飛蛾在撲火。

兒時的家門前，掛着的鎢絲燈泡長掛長亮，為工作夜歸的爸媽指示家門。由於喜歡看見爸媽回家時的燦爛笑容，我常帶着小櫈，依着門邊，靜靜等待，呆望燈泡，細數飛蛾，有些像蒼蠅般小，有些卻比手掌大；部分是單調的啡、灰、黑、白，少數帶有黃、紅、綠等較鮮艷的顏色，但都有奇怪如樹皮、苔蘚又或眼睛般的花紋。牠們受燈光擾亂了導向系統，會不停繞着燈泡飛，有時又會不停撞擊燈泡，倦了，就停在門框或天花上休息。

香港至少有2,000種飛蛾，每年夏初或中秋的夜晚，即4月和10月，都有飛蛾大爆發。你不用刻意拿着鎢絲燈泡吸引飛蛾，任何郊區的豪華廁所都是賞蛾的理想地點，但請留意，只限於男廁。但夏夜的驚喜絕不能小覷。飛蛾，只是序幕。

有人説，3月驚蟄的雷聲會把沉睡的蛇蟲鼠蟻弄醒，新一年的生物季節就此開始，其實並不全然正確。香港3月的平均溫度只有攝氏20度左右，要怕冷的生物離開溫暖的巢穴，恐怕要到4月，但在大小池塘已經可以聽見「格格格格格格格格」的黑眶蟾蜍的叫聲。我也在這個時分，離開巢穴，在郊外四出遊走。

在這個時分，春去夏來，生物都儘量把握這段溫暖而潮濕的環境，儘快完成生存責任，即求偶、交配和繁殖下一代。日間，色彩斑斕的蝴蝶，一時專心吸食花蜜，一時又互相追逐，令人目不暇給。充足的食物，亦令原本已經活潑可愛的雀鳥更雀躍，吱吱喳喳的唱過不停。

在初夏夜晚，遊走在山溪旁，你會聽見一種悅耳的叫鳴。請別誤會，這不是鳥的啁囀，而是大綠蛙的叫聲。你還有機會看見，新界荒廢農地上，為數過百的閃閃螢光，這是邊褐端黑螢的大爆發時候。一輪瘋狂的閃光匯演，自日落之後開始，煞是好看，叫人驚豔。

天氣愈來愈熱，賞蝶和賞鳥的時間是愈來愈早。到了盛夏，早上10點之後的陽光，令大部分的生物躲起來，唯一仍在烈日下活動的生物，恐怕就只有人類了。炎炎夏日，任誰都知，最適合不過的生態活動就是「玩水」。香港東面的海岸，海水比較清澈。海下灣、甕缸洲或東平洲是香港有名的珊瑚礁，有珊瑚自然就有各式各樣的魚蝦蟹聚居，挑大水退的日子浮潛，光看魚就足以令人眼花繚亂，筋疲力歇。

仲夏夜纏繞着鎢絲燈泡的，再不是飛蛾，多是鞘翅目的甲蟲，白色、黑色、金屬綠色的都有。牠們飛起來響亮如同轟炸機，時常冒失亂撞，令我連連中彈。

白天太熱了，烈日下隨時超過40度，很多動物都選擇在夜晚出動，昆蟲引來青蛙，青蛙引來蛇，蛇就令我們又驚又喜。幸運的話更可能遇見箭豬、赤麂又或是果子狸。不單如此，那些閃熠的螢火蟲和神出鬼沒的菇菌，亦為夏夜增添不少生氣。

幾個颱風之後，夜晚多了幾分涼意，月色、涼風、樹影，加上昏黃的燈光，惹來無端愁緒。10月的晚上，最好把燈泡熄滅，因為天上的銀河正直一年中最亮最美的時刻。

思想牛郎、織女幾千萬光年前發出的光線，等待一閃即逝的流星，神遊太虛，就是最好的消愁方法。

秋高氣爽，郊遊的季節又開始了。攀山越嶺、露營野炊、行沙灘、放風箏，總之不是待在家中的活動都適宜。這時，大埔滘、大棠又或各大郊野公園，都有美麗的楓葉可賞。

當白天的暑氣全消，意味候鳥季節來了。香港得天獨厚，在百廢待興的寒冬，我們仍可以在后海灣、南生圍和濕地公園一帶，觀賞那些活潑可愛，形態多變的冬候鳥。牠們由西伯利亞、蒙古、黑龍江、青海一帶陸續南遷避寒，香港是牠們重要的補給站，而當中有部分會留下過冬。單在后海灣一帶，一年最多可以看見300多種候鳥，總計甚至有300萬隻之多。

「立春」多在農曆新年前後，表示春天已到，桃花、櫻花和梅花相繼綻放。興之所至，到郊外行大運，往往能看見美麗精緻的吊鐘花，在枯燥的山頭獨美。氣溫低於15度了，呆坐門口，或四處遊走的日常活動勒令禁止，但我偶爾仍會偷偷穿着大棉襖，捲曲着身體，頂着寒風，凝視着鎢絲燈泡投在地上的光影，幻想自己是瑟縮在牀下的小貓、是山上天不怕地不怕的野豬，又或是靜待在蛹中變化着的蛺蝶，不知牠們感受到的大自然，是否與我一樣？

8 由南生圍開始

只是，看見這條黑壓壓的河，也許是心理作用，我還是覺得這泥灘污穢得恐怖，在這裏覓食的雀鳥是懵得可憐，但每年秋初到春末，候鳥爭相湧至，數目是有增無減，通通都在此吃得不亦樂乎。

許多人與大自然的邂逅，始於南生圍，也始於觀看漫天的候鳥。

南生圍是香港一個極之傳奇的地方。傳奇是它擁有一條由元朗工業邨旁邊流出的大臭渠，這條臭渠叫山貝河，2003年曾因小灣鱷貝貝的出現而名噪一時。

當年每逢週末，一車一車本地遊的旅客爭相一睹牠的風采，直接帶動全港的生態活動，令這片原來只屬於觀鳥者「私竇」的濕地，惹來很多踏腳踏車的、拍婚紗照的、放遙控飛機的、吃農家菜的市民，好不熱鬧！南生圍鄰近元朗西鐵站，步行只需20分鐘，再乘在香港絕無緊有的「橫水渡」，便到達魚塘地區，交通極為方便。時至今日，已經是平民觀鳥人的至愛。

其實，香港的製造業早已北遷，加上排污法例得到落實且嚴格執行了，山貝河不再那麼「臭」。只是，看見這條黑壓壓的河，也許是心理作用，我還是覺得這泥灘污穢得恐怖，在這裏覓食的雀鳥是懵得可憐，但每年秋初到春末，候鳥爭相湧至，數目是有增無減，通通都在此吃得不亦樂乎。

候鳥和人都選擇南生圍匯集，有其原因的。錦田河與山貝河在此匯合，肥沃的沉積物被沖積成三角洲。潮漲時候，河水帶來豐富的有機質、浮游生物、各種藻類、魚類。潮退之時，這些東西留在泥灘上，令廣闊的河牀成為涉禽（水鳥）如鷺、鴨、鷸（粵音：核）等雀鳥最愛的覓食場。這裏是傳統魚農業的基地，直至今天，依舊滿佈大小不同的基圍、魚塘和水道。肥沃的泥土有利蔬菜和果樹生長；基圍內的蘆葦是基圍蝦（刀額新對蝦）的主要食糧；魚塘用來養烏頭和鯇魚，荷塘出產蓮藕，還有鞏固河岸防止水土被侵蝕的紅樹林，村民在此安居樂業之餘，亦為不同的生物提供多樣而穩定的生活環境。

在南生圍還可以經常看見一身黑白色羽毛、鳥喙幼長而向上彎曲的反咀鷸、身披黑色羽毛的鸕鶿、常在空中盤旋的麻鷹、額前有一撮豎起羽毛的八哥、愛在樹梢咶耳亂叫的黑領鶮鳥、擁有鮮紅大嘴的白胸翡翠、在芒草叢中模仿貓叫的黃腹山鷦鶯等，都是令人看後愉快的鳥兒。

身材高挑的大、小白鷺和灰色的蒼鷺最愛在淺水處捕捉基圍蝦、烏頭和非洲鯽。在兩河交匯的廣闊泥灘上，時有十數隻世界稀有的黑臉琵鷺在覓食，牠們把又扁又黑的大嘴探入水裏，左右左右的不停擺動來尋找水中的河鮮。這種全球只剩下大約 2,700 隻的美麗鷺鳥，每年約有 400 多隻選擇在香港后海灣一帶過冬。而每年由牠引伸出來的「水鳥普查」，除了讓我們對於這些徘徊在泥灘濕地的異鄉訪客多一點理性的了解之外，亦直接令香港成為世界水鳥科研技術和濕地生境管理的先進地區。世界各地中，不同類型的濕地被急速破壞，然後消失，因此，后海灣濕地的生態研究是極有價值的。

香港已有記錄的雀鳥達 514 種，是中國 1,300 種的三分之一左右，鳥資源豐富而集中。主要原因是香港的環境得天獨厚，位於世界三大雀鳥遷徙線之一的「東亞——澳大利西亞遷飛線」上，幾百種雀鳥世世代代在北至西伯利亞、西至蒙古草原、南至澳大利亞之間來回遷徙，追逐最適合自己覓食和族羣生存的環境。

在香港出現的 514 種雀鳥中，以香港為家的留鳥約 20%，其他多是候鳥。留港過冬的冬季鳥佔 30%；只為補給，然後迅速南下或北上的雀鳥佔 40%。因此，在天朗氣清的 4 月晚春晨早，選潮水漲入或退出，到南生圍濕地、元朗平原和錦田一帶，單日可見的雀鳥隨時過百。

要觀看、辨認過百種雀鳥，是令人頭痛的數目。有觀鳥者會摸黑上路，天寒地凍在空曠的海邊等日出，要一睹百鳥離巢的壯觀景象，有的全副武裝，帶備重型攝影鏡頭出動，為「打雀」而千辛萬苦。不過，想舒展筋骨，呼吸一下郊外負離子較高的空氣，那麼簡單得只需素顏加一身舒適的戶外衣帽和副大「烏蠅太陽眼鏡」便可。不用死背雀鳥的名字，不動大腦觀看，更能體會牠們之美。

要賞鳥，市區的大小公園都是好地方，當然公園歷史愈悠久，樹木年紀愈老，花草愈茂密就愈好。市區雀鳥長久與人和睦相處，有不少「好心人」定期餵飼，牠們對人類的戒心較低，較易靠近，在牠們身上，會有一份「野鳥」沒有的親切感。

市區眾多公園之中，尤以尖沙咀的九龍公園，最廣為人熟悉。這裏的野鳥超過 90 種，其中色彩鮮艷的亞歷山大鸚鵡和紅領綠鸚鵡最為人喜愛。在公園賞鳥，先挑看見最多花朵的一處坐下，是木棉、鳳凰木又或是洋紫荊都好，有細葉榕或雀榕打果亦好，倘若附近有潔淨的水池就更好。這是守株待兔型的觀鳥方式，花蜜、花粉和果實引來飢餓的雀鳥和各種昆蟲在此大快朵頤，清水成為小鳥的天然浴池。當小鳥旁若無人，我行我素時，牠的動作，是多麼的率性、自然、惹人憐愛！

雖然很多人覺得那些麻雀、白頭鵯、紅耳鵯、鵲鴝、珠頸班鳩、野鴿等常見雀鳥，毛色只是尋常的啡、灰、黑、白等自然色，但看牠們引吭高歌、專心覓食、追逐打架充滿生命力，都會令人覺得舒暢。若有幸遇上黃色髮冠的小葵花鳳頭鸚鵡、拖着長尾的紅咀藍鵲、頸繫黑色領帶的蒼背山雀、一身閃藍羽毛的普通翡翠，往往都能為處於鬆弛狀態的觀鳥者帶來驚喜。

9 看螢火蟲的浪漫

當蟲女發現情郎的呼喚，亦用燈光還以訊號，恍如隔世的重逢，牠們親近地以燈光確認身份，黑暗中蟲女是睫毛長長，身材窈窕的尤物，而蟲仔則是英俊高大的白馬王子。郎才女貌，姻緣締結，一輪覆雨翻雲之後，蟲仔一、兩日後便會光榮殉職，而腹大便便的蟲女，身懷數十到數百粒蛋，產卵完畢，亦會安祥逝去。

新界中部，是四面環山的盤地或谷地，路上沒有電燈，經年人迹罕至，在那裏可以找到真正的黑夜，感受到螢火蟲的浮誇。由3月到11月，不同種類的螢火蟲會自動現身，為冷清寂寞的黑夜帶來一些生氣。

日落之後在山林之內，所謂黑夜不一定是伸手不見五指，晚上有淡黃的月光伴隨潔白的星光。夏天壯麗的銀河和冬天耀眼的天狼星，給森林帶來柔和的光線，亦為大地貼上不同形狀的樹影。黑夜，是低調地叫人驚豔。

也許，螢火蟲是黑夜唯一高調愛炫耀的昆蟲，上天賦予特化了的發光器，內藏的發光質（luciferin）和發光酵素（luciferase）分開或混合，就決定熄燈或亮燈，控制方法簡單。牠們常以帶節奏的光，代替美麗的外貌來表現牠的個性。在黑暗的世界，沒有第二種生物及得上牠的浮誇。

目前為止，香港已經發現的螢火蟲有20多種，牠們的發光制式與位置是不同的。發出閃光的叫「熠螢」、常掛着綠燈飄蕩的叫「窗螢」（Pyrocoelia sp.），而在路邊舉起尾燈找情郎的則叫「雌光螢」，都是較常見的螢火蟲。由於欠缺專科學者和全面而科學性的調查，牠們的數量與分佈，以及是否還有未被發現的品種、已記錄的品種有否被誤認、是否有人有心或無意地引入外來種等問題，至今仍未有答案。據了解，即使不同品種確實存在，數量還是少，而且分佈很局限。因為牠們的生境不斷被發展的城市干擾、被片段化（fragmentation），甚至被摧毀。

螢火蟲雖愛炫耀，生命卻非常單純。大部分螢火蟲的幼蟲只吃蝸牛，有的只吃蚯蚓，有的只吃馬陸（千足蟲）。牠們的體型雖比蝸牛又或蚯蚓細小許多，與生俱來卻有兩種毒液，先以麻醉藥癱瘓獵物，再以消化液分解獵物。幼蟲會靜心等待獵物被完全消化才慢慢享用。到了長大成蟲後，就不再進食，用盡全身精力準備交配。

經過千百萬年的演變，螢火蟲成功雄霸了整個日落之後的世界，閃閃的螢光是牠們鑽研的求愛繁殖藝術。在花前月下，燈光朦朧的環境中，螢火蟲仔在空中閒盪，偶爾閃閃燈，意思是說：「茱麗葉，我的茱麗葉，我來了，我是你的羅密歐呀，我來了，你快出來啦。」當蟲女發現情郎的呼喚，亦用燈光還以訊號，恍如隔世的重逢，牠們親近地以燈光確認身分，黑暗中蟲女是睫毛長長，身材窈窕的尤物，而蟲仔則是英俊高大的白馬王子。郎才女貌，姻緣締結，一輪覆雨翻雲之後，蟲仔一、兩日後便會光榮殉職，而腹大便便的蟲女，身懷數十到數百粒蛋，產卵完畢，亦會安祥逝去。

怎樣找到牠們的踪迹？夏夜，在港九新界的清澈山溪裏，都可以找到橙黃色閃光的穹宇螢（Pygoluciola qingyu）。黑色的頭部、腹部和翅鞘，配上鮮紅色的胸部，身長只有9至13毫米。雌雄成蟲的外表幾乎是一樣、都有能飛的翅膀。性別可簡單地從尾部的發光器來分辨，雄性腹部尾端的發光器有兩節，雌性一節。雄蟲也常在黑暗的溪澗兩旁和四周集結，不停從尾部閃出橙光，盡力表現自己的精壯。

在水邊潮濕處亦有不少穹宇螢的幼蟲，形狀很是奇怪，扁平而修長、全條由很多小節組成、頭部很小、尾部左右兩邊各有一盞綠燈。若非牠發出綠色的光，根本以為只是一截小樹枝。

成蟲發出橙黃色的閃光，倒影在溪澗裏，襯上大量幼蟲微弱的綠色光點，把溪澗幻化為天上的銀河，振奮人心，百看不厭。離開水邊，在漆黑的林間小路上，常會遇見兩點明亮綠燈。牠是窗螢的幼蟲，樣子與穹宇螢的幼蟲有八分相似，身體都是由很多小節組成，是香港已知最大型的螢火蟲。

也曾觀察這些食蝸牛的幼蟲，見牠密密腳地四處探索，亦步亦趨在地上或枯葉下覓食，卻突然停下來，向着右前方舉頭張望，然後以極快的速度向右衝。原來不遠處有另一條較小的螢火幼蟲，成功獵殺了一隻「樹棲蝸牛」，正在享用。自然界的規則很簡單：「大蝦細」。牠來勢洶洶，小的雖有不甘，但亦只好把食物奉上。

秋末冬初，窗螢會羽化為成蟲，雄性窗螢容易辨認，牠們一面飛，一面在腹部發出持續的綠色浮光。雌性只有一雙退化了的小翅膀，而且較為肥大，相信是為了把珍貴的養料儘量留給下一代，於是放棄了極耗能量的飛行活動，羽化後只留在原位，等候雄蟲發現然後交配。

在漆黑的夜空，不同種類的螢火蟲，代代相傳發出不一樣的訊號節奏，可能是為了逃避敵人而偽裝天上的星星，亦可能是避免在漆黑之中揀錯對象而恨錯難返。

只要環境許可，成千上萬的螢火蟲就會爆發，以至照亮黑暗的郊野。昔日這是經常可見的事，但是農藥的發明把牠們連同草蜢和甲由一同殺死，而電燈的氾濫也粗暴地蓋過牠們浪漫的私語。簡單直接又目標清晰的生存方式竟然不被允許，在沒有黑夜的年代，已沒有人類懂得欣賞牠們的情趣。

10 我愛森林**破壞王**

它們一方面吸食大樹的營養，另一方面放出病原菌，加速樹木的衰亡，為建立菌類王國鋪路。在郊野賞樹之際，舉凡見真菌的出現，就知樹木不是生病就是死亡。

如果大樹是生態的建造者，將太陽能轉化為各種碳水化合物，為無數生物提供食物和居住空間；那麼，菌類就是生態的破壞王。

菌類能把生得健壯的大樹破壞後分解，並從中吸取成長的營養。這些不懷好意的菌類，形象百變，分工精密，在好端端的樹幹上生出木栓質如傘狀的靈芝，又或如舌頭的樹舌都不是好東西。它們一方面吸食大樹的營養，另一方面放出病原菌，加速樹木的衰亡，為建立菌類王國鋪路。在郊野，舉凡看見樹幹上下出現真菌，就知樹木生病或是死亡。

在動物、植物和真菌三界鼎立的大自然，植物的盛世於近代迅速被動物所取代，動物比菌類更利落地把植物殺死、分解並搬離現場，結果令在暗處埋伏的菌類不能坐收漁人之利。然而，菌類出名頑強且忍耐力驚人，除非樹木是被徹底銷毀，否則，只要環境許可，它都能迅速地生長、分解和吸收，無聲無息地擴展版圖。

它們是如何做到的呢？其實很簡單，菌類的實體是肉眼不易看見的菌絲。這東西的穿透性非常之強，並且食量驚人，它一面在有機質內擴散，一面吸收營養，有時亦會先把樹木殺死，再慢慢享用。理論上只要環境許可，它可以無限伸展，不老不死。現今發現最大的單一菌體，是在美國俄勒岡州的奧氏蜜環菌（Armillaria ostoyae），面積足有9.7平方公里，相等於 1,665 個足球場的面積，估計已生存了 2,400 年。

那麼，我們愛吃的蘑菇、雪耳、松露又是什麼呢？其實那是菌類用來繁殖的器官，被稱為「子實體」，其功能如同植物果實的「胞子」擴散器，不同科的菌類有自己獨門的散播孢子秘技。由於大部分的菌類都靠風力來傳播孢子，因此你會發現菌類很多都有菌柄，目的是令自己儘量離開地面，令孢子更容易乘風而起。

蕈菌大部分以腐生的模式生長，長在枯木上的叫木生蕈菌，長在地上的叫地生蕈菌，另外還有糞生、蟲生和與植物根部共生的菌根生，而清代吳林的《吳菌譜》就已科學化地把它們分類：「生於樹者為蕈，生於地者為菌。」

香港春天潮濕，夏季炎熱，秋季清涼，極之適合菇菌生長，就是冬季，在樹枝樹幹上都能發現不少啡色，呈扇狀的「靈芝」。牠們大多數是根據菌背的孢子孔而被命名的多孔菌、小孔菌、微孔菌或蜂巢菌。任何郊區都有菌類的爪牙，其中以傘狀的地生菌「鵝膏」、啡色的「木耳」、小巧而呈傘狀的「小皮傘」和橙黃色圓圓的「馬勃」最為常見。即使在市區的街頭巷尾，大小公園的有機質，都早已被它們無聲入侵，大雨過後常出現令人驚訝的爆發。

全中國約有 720 種可供食用的菌。清代已有農民以稻草成功種出草菇；冬菇、鮑魚菇、秀珍菇是肉厚味鮮的家常食材；竹笙是既美觀又名貴的山珍；木耳、雲耳和雪耳都含有豐富的維他命，胺基酸和高纖成分，具有刺激腸道蠕動、排出體內膽固醇等功能，都是平民百姓的保健食品。另外，傳統藥用蕈菌大概有 300 種，道教更視五色靈芝和伏苓為長生不老的仙藥。至於，昂貴的冬蟲夏草是麥角菌科的真菌入侵蝙蝠蛾的幼蟲，然後長出細長似草狀的菇體。

菌類知道動物饞嘴的弱點，於是，很多菇菌是美味而有毒的。菇毒的成分是生物鹼（alkaloid），吃了會使人嘔吐腹瀉、呼吸困難、內出血甚至死亡。而且，有毒無毒根本沒有特徵可循，於是，每年都有不少人因為誤食野菇而死亡。

菌類害人還有更厲害的一招，就是含有裸蓋菇鹼（Psilocybin），令服下的人產生幻覺，迷失本性，而且是一試難忘，容易上癮。遠至中石器時代的石洞壁畫，已有使用迷幻蘑菇（hallucinogenic mushroom）或魔菇（magic mushroom）的紀錄。

早在神農氏或之前（大約在6,000至7,000年前的仰韶文化時期），祖先們早已察覺菌類的野心，並開始觀察、研究，然後嘗試控制甚至運用它們那能分解一切有機質的能力。可惜直至目前為止，應用只限於食和療兩方面。

幸好，蕈菌的分解功能溫和而不翻天覆地，因它們的生長速度受溫度和濕度所限制。香港冬天又乾又冷，不利它們生長，而城市早被人類佔據，充滿它們不能忍受的有毒化學物質和冷冰冰的三合土；在郊區，郊野公園內，植坡受到法例保護而能穩定地茁壯成長，菌絲只能在樹林伸展，默默地履行生態責任，與植物共生，合力扶助森林發展。

11 蝸牛的無限可能

在近年廣受重視的有機耕種浪潮推動下，殺蟲劑和化學肥料不再大行其道，農夫開始翻閱古籍，嘗試了解舊時的耕種方法、背誦二十四節氣，開始虛心地向大自然學習；觀察季節的變化和植物生長的節奏，學習周遭各種動、植物的互動關係。農夫發現蝸牛並非如以往所講的是農作物殺手，大部分的蝸牛喜歡吃黃了又或有病的菜葉，也是分解鋪在泥面作保水之用的覆蓋物的好幫手。

蝸牛奉行慢活（slow living）好一段日子了，大概有三億年吧。三億年前，蝸牛的祖先決定離開海洋，到陸地生活，可能當時的陸地是綠色的，對於蝸牛，綠色即是食物，於是最「為食」的那隻海蝸牛，開始離海登陸了。

夜晚在農地溜達，沒什麼好看時，我會找蝸牛麻煩，因為牠們總是隨處可見，特別在陰天或潮濕的日子，最愛從地洞或草堆中爬出來找東西吃，一不小心就會把牠們踩扁。

城市人對蝸牛都有點印象吧，有奇特的外殼、濕潤的皮膚、頭上長着兩對又長又幼的觸角，眼睛就長在較長的那一對的末端。若論分類，則屬於軟體動物綱，即體內沒有骨頭；腹足目，即用強健的腹肌來幫助移動，同一個屬目的，還有蛞蝓（音：闊如），即鼻涕蟲。

香港農田常見的蝸牛有五種、蛞蝓兩種。深啡色最大最常見的是「非洲大蝸牛」，一如其名，來自非洲。有人貪其肥大肉厚，飼養容易，便引入香港作食物，卻發現不合香港人口味，而且體內帶有大量寄生蟲，最後放棄養殖計劃。一些逃脫的非洲大蝸牛，便在本地生存下來，一如其他四隻角的蝸牛，未成年前全是雄性，成年之後全是雄性加雌性，也是所謂雌雄同體。有趣的是，即使雌雄同體，牠們仍堅持交配後才生蛋，每年平均生六窩，每窩由 50 至 500 粒不等。這樣認真繁殖的堅持，結果牠們能在短時間內，生產又多又健康的小蝸牛，最後為禍農作物。

除了外來的非洲大蝸牛，分佈最廣的還有本地種的「樹棲蝸牛」，牠們喜歡扮蛞蝓，常只從外殼露出小部分。另外，還有兩隻角的「山蝸牛」，體形細小、殼上有一個啡紅圈的「同型巴蝸牛」，以及外殼光滑，而且薄如蟬翼的「鱉甲蝸牛」。至於被喚作鼻涕蟲的蛞蝓，常見的就有兩種：又黑又扁的皺足蛞蝓，和淺灰兼圓潤的雙線蛞蝓。

由於嗜食綠色的植物，蝸牛和蛞蝓被視為農作物破壞者，要除之而後快。但這些慢吞吞的蝸牛，卻是自然界中是重要的初級消費者，牠們藉着吞食和排泄，加速植物分解，使養分再次回到泥土中。同時，牠們也是一些昆蟲、雀鳥或哺乳動物的重要食糧。

可是，近半個世紀，在大企業的管理下，單一種植大行其道，一望無際的金黃色小麥田、廣闊無邊的綠色芭蕉林、整齊而延綿的七色鬱金香田……除了目標作物之外，其他生物都不容許在農田出現。殺草劑、殺蟲藥、化學肥、翻土機等，年復年地，壓榨和強迫土地生產農作物。結果，農夫們大都只會用錢「買」肥、用毒「殺」他們口中的「害蟲」等低技術的方法，來進行農業生產。以前的桑基魚塘、鴨間稻、施大肥（即人類糞便）等農業智慧不是被輕視，就是已經失傳。

我相信以往農夫是運用蝸牛資源，而非驅逐或清洗。情況就如同農夫將危害作物產量的禾蟲、田鼠、田螺或禾花雀等變成美食，使除害的活動變得充滿樂趣和期待。農夫為了得到這些害蟲，可能還願意犧牲部分的農作物，讓害蟲變成農業副產品。

時代改變，口味不同，技術不再！現在我們很難想像祖先與農田之間的情意。但在近年廣受重視的有機耕種植浪潮推動下，殺蟲劑和化學肥料不再大行其道，農夫開始翻閱古籍，嘗試了解舊時的耕種方法、背誦二十四節氣，開始虛心地向大自然學習；觀察季節的變化和植物生長的節奏，學習周遭各種動、植物的互動關係。農夫發現蝸牛並非如以往所講的是農作物殺手，大部分的蝸牛喜歡吃黃了又或有病的菜葉，也是分解鋪在泥面作保水之用的覆蓋物的好幫手。

對於如何成功運用蝸牛資源而得到經濟收益，近年倒有一些成功的例子。「鴨間稻」就是放鴨子進入稻田，任讓牠們把秧與秧之間的雜草踩死，把蝸牛、螺或蟲一併吃光，然後拉出能肥沃泥土的糞便。結果，農夫省下買農藥、除草劑和肥料的開支之外，又可得到賣「有機鴨」的可觀收益。

另一例子，是營造蝸牛喜歡的生態環境，增加蝸牛的數量來餵飼螢火蟲，然後以鋪天蓋地的螢火蟲吸引民眾光臨，再以優閒農業的方式，來教育大眾，什麼是好味又安全的蔬菜瓜果，如何閱讀大自然的各種法則和關係，並探索與自然和平共存，然後達到永續生活的可能性。

12 蝶變

將自己交給命運之後，坦然任由基因中的「自我重組模式」把身體來一次面目全非的大改造，如此變態，真是匪夷所思。當牠們到再次回復意識，便按照設定掙扎、破蛹、向上爬、深呼吸、把能量送到背部、拍兩下展開了的大翅膀、撒一泡尿、進入睡眠模式。

常想，每個人心裏都有一個自由夢，就是飛翔。

雀鳥擁有發達的胸肌，排列有序的各級「飛行羽」，令牠成為天空的王者；蝙蝠將指骨拉長，將指間皮膚變成又薄又有彈性的薄膜，令自己可以進行「無定向」的花式飛行；飛魚擁有特化了的巨大胸鰭，當牠用力擺尾，一躍而出水面，展開胸鰭便可順風而起，翱翔在風高浪急的海面上。

但蝴蝶沒有為飛翔，而以身體作出什麼「等價交換」、瘦小的身軀不可能隱藏多少肌肉、在花間穿梭不可能有什麼氣流可借。那麼，蝴蝶哪裏來的氣力揮舞那雙浮誇又鮮艷的大翅膀？蝴蝶體內是怎樣的一種生物工程呢？是否隱藏着什麼天大的創造秘密呢？

因着愛飛，因着好奇，所以我愛上蝴蝶。蝴蝶的確是大神奇，不能不細看。

香港 264 種蝴蝶之中，大部分都是令人驚歎的自然藝術品，當中不乏色彩繽紛的成員。我們常想有毒的動物才能擁有鮮艷的顏色作警告，但蝴蝶中有毒的卻出乎意料地少，只有 13 種斑蝶和 1 種珍蝶。牠們為何有毒？因為牠們刻意中毒。

斑蝶的幼蟲獨愛吃蘿藦科植物的葉片，牠們能把毒素收藏體內，無需掛慮如何排毒。而且，牠們能漠視天氣的變化，在食物缺乏的冬季，在充滿飢腸轆轆的獵食者的郊野，仍能以招搖的成蟲形態出現，甚至如同候鳥南遷北返，逐溫度和食物而遷徙。橙色帶黑色虎紋的虎斑蝶、身上有天藍色斑紋的擬旖斑蝶、前翅面有閃熠藍斑的青斑蝶，在花間悠悠地拍動雙翅，帶點冒失的，時而吸食花蜜，時而互相追逐，天黑、冷了便大夥兒飛入祖先們世代使用的山谷，停在背向北風的樹枝，倒頭便睡，在寒風凜冽、日月無光的日子，得以安身立命。屯門小冷水就是目前已知、香港最大的「蝴蝶谷」，1999 至 2005 年曾錄得斑蝶數量高達 4,000 隻。只是，近年越冬的蝴蝶數目下降了。

小學時讀書，說春天時蝴蝶翩翩起舞，這是誤傳。香港春天的氣溫往往較冬天還要低，大部分的蝴蝶，仍處於樣子古怪的幼蟲或蛹的階段。託祖先的福，牠們自出娘胎就懂得把大自然披上身，將自己偽裝成樹枝、樹葉、葉脈、雀屎、小蛇，甚至貼上反光的金屬面，把周遭的環境反映在身上。藏頭露尾、呃神騙鬼的為了要平平安安地「變態」，從卵到幼蟲，脫五次皮後成為蛹。

將自己交給命運之後，坦然任由基因中的「自我重組模式」把身體來一次面目全非的大改造，如此變態，真是匪夷所思。當牠們到再次回復意識，便按照設定掙扎、破蛹、向上爬、深呼吸、把能量送到背部、拍兩下展開了的大翅膀、撒一泡尿、進入睡眠模式。天光了，輕輕郁動翅膀、再用力拍兩下、起飛、尋找鮮艷的花朵、把吸管伸入花朵中吸食花蜜。生物的奧秘並非在於可以看得見的結構，而是在那些巧奪天工背後的心思。

春末夏初，是郊遊的季節，亦是享受大自然的季節。蝴蝶把握風和日麗的日子，辛勤地吸食花蜜，努力尋找伴侶，為下一代奉獻一生最美的時光。祖先的血液告訴牠，縱使身體如何奇妙，都不能與大自然硬碰，與其浪費生命跟盛夏的酷暑鬥、跟可怕的颱風鬥，倒不如順應自然，舒適的日子留給成蟲泡妞，難熬的日子就交給幼蟲頂，以此消彼長的方式生活，應該可以再多活一萬年。

因此，賞蝶的好時候應該是清明之後，地點是任何郊野、鄉村和城市中的各大、小公園。蝴蝶家族中，以鳳蝶屬的成員最廣為人知，香港162種蝴蝶中就佔了21種。牠們大都擁有巨大的翅膀：烏黑底色，配上耀眼藍色大斑紋的是巴黎翠鳳蝶。配上潔白大斑紋的是玉斑鳳蝶。配上鮮黃色大斑紋的，不是裳鳳蝶就是金裳鳳蝶。有長長的尾凸、身長也不過是4至5厘米的是燕鳳蝶。用白點點上兩條直線就是玉帶鳳蝶。只有小許暗紅斑紋，不是藍鳳，就是碧鳳蝶。

這些鳳蝶所以能活在香港人的身邊，是牠們的幼蟲獨愛吃芸香科的植物隨處可見，像是中秋節必吃的柚子、農曆新年用來作擺設的各種「大吉」、在農村與荔枝和龍眼齊名的黃皮和綠豆沙中的臭草。另外，圍村婆婆們最愛插在髮髻上的白蘭、中草入藥的假鷹爪、三椏苦和寬藥青籐都是一些鳳蝶幼蟲偏愛的食物。

10月的香港，秋風起，少了白紋伊蚊帶來登革熱的威脅，是很適合生物活動的季節，人類是，動物亦然。走在鄉郊農村，你會發現瓜棚上毛茸茸的瓜葉開始枯萎、地上的薑開始凋謝、豆苗的籐蔓開滿白色的蝴蝶形花朵，田間是一片百廢待興的蒼涼。可是村中、田邊仍具備閱讀季節的能力的野花，正開得燦爛，勤力造蜜，以慰勞一眾昆蟲。雀鳥慷慨幫忙傳播花粉，令野花可成功結出種子，令族羣得以延續。

擁有傘形花序的馬纓丹、頭狀花序的白花鬼針草都是優秀的「蜜源植物」，是所有蝴蝶的至愛。頭狀花序的藿香薊，令愛重口味的斑蝶不能自控，而穗狀花序的田灌草、豆科的含羞草、花冠唇形的蔓荊、十字花料的六九菜心和匙羹白菜、巴蕉科的蕉花等，一同為蝴蝶安排一頓豐富的快樂盛宴。

初冬的農村，斑蝶都已躲進蝴蝶谷。田畦上已換上冬季的各種蔬菜，這時在田間飛舞的只剩下由菜心、蘿蔔、西蘭花等十字花科蔬菜引來的東方菜粉蝶，還有特意出來報告耶穌降生和過年喜慶的報喜斑粉蝶。

看似弱不禁風的蝴蝶，無懼世途險惡，順從基因內早已設定好的不同身體型態甚至操控模式，配合大自然的節奏，克盡在大自然的職能。無論是作為分解植物來肥沃泥土的機器，抑或是將生命獻上成為其他生物的祝福，牠都快樂面對，坦然承受。在蝴蝶身上體現的，是一種敬畏大自然的謙卑。

13 我最愛的龜

65日後的夜晚，其中一隻蛋裂開了。一片小小的蛋殼掉落，透過這個小孔，我看見裏面小龜的眼睛，牠同樣看着我這個「爸爸」。當晚，四隻小龜都順利出生。看見帶生命的小龜，感動之餘也對龜多了一份感情，對生命多了一份敬畏。

中國人視龜為靈獸，是青龍、白虎、朱雀、玄武中的玄武；是用來占卜天機，上告蒼天，下通凡塵的法器；是香港島上，若圍島行完一圈，香港島便會下沉的神龜；是放在宮廷廟宇，背軑石碑，出名大力和多嘴的龍龜贔屭；又是下流賤格的烏龜王八蛋，而具解毒功能的龜苓膏，舊時順理成章，變為花柳患者的良藥。

龜，在中國文化中的百變形象屬好屬壞，不用執着深究，因為多數只是美麗的誤會、主觀感情的投射，又或對龜鱉叫人摸不着頭腦的外表和習性的不同想像和假設。

在香港，龜有多種，數量甚多。究其主因，是從 1977 年起，香港陸續開闢郊野公園，並有相關的法例保護當中的自然環境不被騷擾和破壞。於是，被破壞了的樹林慢慢康復並擴展，被過度獵殺的生物可重獲和平的生活。而我與龜結緣，是始於 2001 年，那一年，我開始了溪流龜類調查。

在陡峭的山溪裏，我認識了又名「大頭龜」的鷹咀龜。牠的頭大得不能完全縮入殼內，咀成鈎狀，手指若被牠咬住，定必齊肢折斷；而牠時常把扁平的身體藏在石縫中，於是成為當年還是赤腳的小孩口耳相傳的恐怖巨大生物。由於牠對水質和水溫的要求極高，因此略有污染的河道或不夠清涼的溪流都不會找到牠，於是成為深山裏的神秘生物。託郊野公園的福，在流水清清的山溪裏仍有不少鷹咀龜。

進行魚類調查有趣地方就是要溯澗，即是沿着河溪由下溯上，在看似有好魚或多魚的水潭下潛，看看有沒有藏着什麼有趣東西。在初夏至盛夏時分，常會碰見橙紅色的初生鷹咀龜在石上曬太陽，而在淺水的石縫裏則能發現與石頭顏色和質地完全一樣的少年或成年大龜。牠們是很合作的觀察對象，原因是牠對身上保護色的自信，即使有人在牠正前方並靠得極近，牠依然若無其事地扮演石頭。於是我能以浮潛的方式，在水中仔細欣賞牠那張在龜鱉類中殺傷力最強的大嘴，和甲骨上奇特細緻的岩石花紋。

硬殼的龜和軟殼的鱉，同是其貌不揚的生物，而我愛上的是在牠們身上顯露的奇異。記得多年前，朋友家裏的烏龜生了四隻白色的蛋，問我會不會孵。我立即翻書和上網搜尋方法，發現並不複雜，於是帶了回家。我把龜蛋半露的，放在一個盛了河沙的即棄式微波爐飯盒內，蓋上一張濕紙巾，放在書枱邊，每天小心地觀察龜蛋的變化和保持紙巾濕潤。看着眼前的蛋黃和蛋白轉化成為會呼吸、有心跳的小龜，是一件很奇妙的事情。

啟動了孵化模式的龜蛋不能胡亂翻動。龜蛋會因地心吸力而決定小龜形成的姿勢，若上下翻轉，會導致蛋內發育中的小龜突然死亡。另外，小龜的性別是由孵化時的溫度決定，而並非如人類一般取決於基因。當胚胎在蛋內形成，若用電筒照，可以看見殼的另外一面生出縱橫交錯的血管，一隻冰冷如石頭的蛋，突然成為孕育生命的奇妙容器。65日後的夜晚，其中一隻蛋裂開了。一片小小的蛋殼掉落，透過這個小孔，我看見裏面小龜的眼睛，牠同樣看着我這個「爸爸」。當晚，四隻小龜都順利出生。看見帶生命的小龜，感動之餘也對龜多了一份感情，對生命多了一份敬畏。自此，尋魚的同時，亦開始尋龜。

在香港，做龜的「專家」比起做魚類或雀鳥的專家都要容易，因為本地原生的龜鱉種類很少，大概只有五種淡水龜鱉和四種海龜。淡水龜中除了鷹咀龜外，還有烏龜、眼斑水龜、金錢龜和中華鱉。龜鱉自古有清熱解毒神效的傳說，就是只得「龜苓膏」三個字，百姓都如梵音灌耳，聽者得救。可憐龜類天生樂天知命，欠缺反抗和逃跑的能力，一遇危險，只懂極速把頭尾四肢縮入殼內。有些如金錢龜「箱龜」的龜板，更有如門鉸的裝置，能把殼緊緊閉上，把以靜制動的技巧發揮得淋漓盡致。沒有學乖的後果，是被人見一隻，捉一隻。

香港野生淡水龜鱉之多，是全廣東省有名的。拜城市簡單舒適的生活所賜，香港人失去在野外生存的能力，莫説捉龜，就是一隻蚊子、小蜜蜂都足以把城市人嚇個半死。我在鄉村的池塘或河道閒逛，時常遇見各種龜鱉，包括原生的烏龜、大家熟悉但不是來自巴西的巴西龜，還有來自世界各地，被有心人「放生」的水龜，甚至陸龜。

另一種曾遇見的，就是世界稀有的金錢龜。繼其他地區的金錢龜被捉光後，香港成為牠們野外族羣「最大」的生活區，亦是危機四伏的「樂土」。牠的龜殼是一貫天圓地方的流線型；緩慢的動作，堅定的眼神，還有鮮黃的頭頂，鮮橙色的皮膚，自然流露出一種肅穆的氣派，是自信內斂卻充滿激情的生物。

作為人類的我，只能告訴牠，以香港的保育水平，現在還是不宜招搖，好好保存性命。要忍耐多久？應該不遠。早在1999年，香港政府已經將南丫島的深灣規劃為「具特殊科學價值地點」，並同時落實相關法例，讓綠海龜能世代在那海灘產卵。將來，若果屬於金錢龜的保護區成立，牠便可擺脱現在朝不保夕的生活，再次神氣地沐浴着溫暖的陽光。

14 喜愛逆流

當被發現去魚塘捉魚，去水氹捉蝌蚪和蝦仔就是死罪，會連累「雞毛掃」被媽媽打斷的嚴重後果。我還記得媽媽一邊打一邊激動地說：「我對你說過多少遍不要去玩水，你老是不聽，溺死了怎辨？去捉魚！捉蝌蚪！與其他日溺死，不如今天打死你！」

我是雙魚座，自小對水有莫名的聯想。人類在水中不能呼吸，不能自由活動，會溺死，而水裏的魚都有鰓，雖然沒有手和腳，但可以用魚鰭在水中自由泅泳。牠們沒穿衣服，冬天泡在水中不冷嗎？暴雨過後，溪水暴漲而變得湍急，牠們不怕被沖走嗎？捉回家飼養的溪魚為什麼都會死亡？生活在與我們不同介質的生物，牠們眼中的大自然又與我們有多大差異呢？

當我對大自然產生好奇時，村民卻被種種民間傳說震懾。有人打水時不慎掉進井裏，被水鬼拉走，當時找不着，一星期後無故浮在井裏，全身發脹。之後，井邊就安放了土地公公，用來警惕生人，超渡死者。林蔭裏的水潭，住了穿白衣的樹精。雖然時常能聽到它們發出的歌聲和笑聲，但千萬不要去找，因為它們都討厭人，見過它們的人都會浮屍水潭。因此水潭旁邊，大水翁樹的樹腳，常擺放香枝和生果，用來顯示村民對水潭和森林精靈的尊重，希望能和平共存，還請它們不要再奪去無知小童的性命。

大人時常嘮嘮叨叨的將「水鬼找替身」、「樹精上人身」、「欺山莫欺水」等掛在口邊。當被發現去魚塘捉魚，去水氹捉蝌蚪和蝦仔就是死罪，會連累「雞毛掃」被媽媽打斷的嚴重後果。我還記得媽媽一邊打一邊激動地說：「我對你説過多少遍不要去玩水，你老是不聽，溺死了怎辦，去捉魚！捉蝌蚪！與其他日溺死，不如今天打死你！」

由於有這個童年陰影，當我有機會隨野外考察隊往海南島做淡水魚類調查時，我不敢立即告訴媽媽。

香港山多平地少，亞熱帶海洋性氣候為山巒帶來潮濕的霧氣，令高山小溪長年處於濕潤狀態。夏季的颱風和暴雨加速了山坳或山谷的侵食，在山裏沖積出不少濕地，製造了很多又深又闊的大水潭，同時又將帶養分的有機物帶到下游平地，在緩水處積聚成為肥沃的土地，供村民栽種稻米。可是，香港的河流一般都又窄又短，低地平原被開發和污染，加上不文明的防洪排水工程，把河流變成石屎渠，一次過殺死所有生物。因此現時香港的純淡水魚，連同外來的，只剩下76種左右。

高體鰟鮍就是近期最廣為人討論的例子。話説又名牛屎[illegible]的高體鰟鮍是往日香港平原地區常見的小魚，牠們身長最多不過是6厘米，但雄魚一身又藍又粉紅的美麗色彩就已冠絕香港魚類。往日分佈廣而量多的另一個原因，是牠們與巨大的淡水二枚貝共生的智慧。雌魚演化出一條差不多與自己身體一樣長的產卵管，用來把卵一粒一粒的產在巨貝的唇瓣上，好讓巨貝保護魚子，令垂涎的魚不得逞。小魚出生後亦會醒目地繼續留在褓母的大殼內好一段時間，直至吸收完腹部的蛋黃，有相當的游泳能力，才與兄弟姊妹一起闖天下。

縱然鰟鮍對水質的要求不高，但以濾食水中有機物為生的二枚貝，因為平地河道都被污染而死光。失去褓母，牠們便無法繁殖下一代。

在香港做魚類調查時，高體鰟鮍並不多見，一旦被發現，往往都是大大小小的一大羣。新界尚餘緩水河的面積細小，遠不及我在海南看見的高體鰟鮍羣來得震撼。

海南島位處香港西南面，越南的東北面，估計曾經與雷洲半島相連，氣候和動物界都與珠江口旁的香港相近。在海南島浮潛時，見到的海中生物，往往是香港都有的熟悉面孔、外型，又或行為十分相近，同屬親戚。

吸鰍很有趣，不同我們在水族店常見的「清道夫」，只靠吸盤狀的奇怪口器來刮食石面、葉面的藻類。吸鰍把胸鰭或腹鰭，甚至將胸鰭和腹鰭連結起來成為「吸附器」，令自己可以停泊在垂直表面、固定自己免得被急流沖走，甚至以一吸一放的節奏，在湍急的河道逆流而上。香港只有兩種吸鰍，海南島就大約有八種。我在海南島的溪澗浮潛時，最愛觀察吸鰍，我手抓溪旁的大石，頂着水流，儘量保持與牠們同一個平面，然後仔細欣賞牠們流線型的身體、利落的泳姿，和流水嬉戲的佻皮表情。

魚類都愛逆流，阿拉斯加的三文魚，逆流而上到山區產卵；小鰻魚在海裏出生後，逆流進入河川生活；被山洪沖到下游的魚兒，在溪水較緩時又會逆流回家；即使是活在平靜水潭的魚，亦愛在水流較急的地方覓食。我想水流能增加水中的含氧量，為魚兒帶來食物，亦造就鍛煉體能的機會。

在河溪浮潛，甚至用水肺做魚類調查，其實是份優差。試想想，天時暑熱，浸泡在既清涼又清澈的溪水中，幻想自己是一條大木頭，在水裏浮浮沉沉，飄來飄去，靜靜地追逐魚羣。若發現有值得觀賞的魚，便緩緩把肺部的空氣排出一半，配合低頭彎腰拍腳的動作，順勢滑到水底，然後用手抓緊水底的大石，令自己俯伏在河牀，然後輕鬆地飽覽。由於我沒有多少脂肪，即便在炎夏清涼的溪水中，我無福逗留太久。就是穿了整套三毫米厚的潛水衣，加上一件連帽潛水背心，也只能潛泳一小時。當體溫過低，便得找塊能曬太陽的大石爬上去，躺下，直接吸收太陽能，回暖了，才能再下水與魚追逐。

吸鰍悠閒地伏在石上刮食藻類，而在真正的急流中，常有一羣羣的光唇魚、異鱲和寬鰭鱲，瀟灑地於水流中穿梭。一忽爾相互追逐玩耍，一忽爾為爭奪掉落水面的昆蟲而大打出手。魚羣中，一些正處於繁殖期的雄性異鱲和寬鰭鱲已長出異常長的臀鰭和尾鰭，身上出現吸引異性的鮮艷婚姻親色，還有面上生出一粒粒用來增加情趣的「珠星」，十分美麗。

水底不時有愛行走、愛短跳的鰕虎魚亦步亦趨、沼蝦則舉起長鉗在水底跌跌碰碰地找東西吃，還有些不知名的河蟹在處理大蚯蚓的屍體。溫和的流水把氧氣和食物帶給水裏的生物，但無法沖走人類自私的污染；湍急的河水有時無情地奪去弱小的生命，但卻能鍊就堅強的族羣。大自然是嚴酷的，不夠強壯而未能通過水流考驗的三文魚，失去繁殖的機會；不夠耐力游入江河的小鰻魚，失去生存機會；山洪後不能返回上游的魚隨時會因水土不服而客死異鄉。而我，在頂流的過程中，除了體會到河川的力量，亦感受到考驗背後的祝福。

啥在田？ // 這個年頭的**有機耕種**

生態人的**永續**農業想像 // 耕田先要學的**農地生態**

再造**風水林**

第三部

人在田（上）

15 啥在田？

慶幸給我遇見「永續農業」，讓我看見有機耕種的真像，順從大自然法則，即春耕夏耘，秋收冬藏；了解各種動植物的特性，即食物鏈、共生關係，然後人類就在其中謙卑管理，即不時不種、間種輪作。

十幾年的動物工作生涯，我體會到愛野生生物，就要讓牠們回到屬於牠們的郊野。在郊野公園法例的保護下，中、高地區的生境已經回復得很好，但低地的生境，卻因年復年摧毀式的發展；農田開墾、建設市鎮、整治河道，令原本活在這裏的生物，死的死、逃亡的逃亡了。

那麼，怎樣可把牠們帶回屬於牠們的郊野呢？機會來了。

城市的高速發展，令這裏剩下唯一的生物——人類愈來愈吃不消，愈來愈多的人，對工作意義、食物安全、居住環境、生活價值等問題提出質疑。

城市人開始往鄉郊找答案，回歸土地慢慢成為未來生活的憧憬。

比起水泥化的城市，農村似乎是可回復自然的唯一希望。可是，農地是農夫的財產，是受農夫支配的空間，是普遍益蟲可以留，害蟲就要死的人類霸權主義！有機農夫說，他們的理念之中，生物沒有益、害之分，但栽種農作物是農夫的職責，是與野生動物爭奪土地使用權的對立關係。因此從農地規劃，已明顯看見親疏有別不平衡狀況。

基於要尊重其他生物的土地權益，即使我享受辛勞栽種的充實和收成的喜悅，也注定都做不了農夫！慶幸給我遇見「永續農業」，讓我看見有機耕種的真像，順從大自然法則，即春耕夏耘，秋收冬藏；了解各種動植物的特性，即食物鏈、共生關係，然後人類就在其中謙卑管理，即不時不種、間種輪作。

16 這個年頭的**有機耕種**

他們情願以「有麝自然香」的方法，走「優閒農業」路線，耕種之外更開辦各式各樣的課程，像是耕種班、果醬班、有機肥皂班、田原麪包班等，教市民另一類享受生活的方式。又或舉辦不同的活動，例如有機農墟、稻米收割節、春耕嘉年華等，吸引城市人落鄉。

有機耕種是什麼？答案隨着時間不同而有所改變，十年前是指不用化肥和農藥的耕種，五年前再加上沒有基因改造和無放射性處理的條件，而這個年頭又與低碳、樂活扯上關係。不停地為「有機耕種」扣帽子，會不會對有機農夫不公平？抑或，目的是想誤導公眾，從中取利呢？

不要太陰謀論！這個問題不難答，有機耕種的定義，都隨着我們對土地的認知而轉變。堅持有機耕種的農夫，是基於愛土地，耕種時拒絕使用農藥和化肥。而那些支持有機的市民一般都愛自然，對生活有要求，他們食有機蔬菜之餘，亦關心快將失控的土地公義、食物安全、動物權益、民族尊重、生活永續等議題。

歷史上，相似的氣氛亦曾經在差不多一個世紀前的歐洲各地出現。那時，發展了多達八個世紀的「圈地運動」（Enclosure Movement）令貴族擁有絕大部分的權力、土地和財富，而大部分平民都是一貧如洗，甚至淪為無家可歸的流浪漢。肥沃的土地，經年用來飼養高利潤的綿羊，窮人沒有錢之餘，連可以或適合栽種農作物的土地都沒有。嚴重貧富懸殊令雙方積怨日深，摩擦日增。一輪革命運動浪潮之後，土地再次回到平民手上，但由於土地被綿羊踐踏太久，都已十分貧瘠。於是阿伯特霍華德（Albert Howard, 1873-1947）便倡議「有機耕種」。

有別於一貫「生產式的耕種」，有機耕種重點在於「養地」，使土地一邊出產作物，一邊康復，變回肥沃而生物多樣的耕地。問題又來了！要種菜的話，不是鑽研耕種技術和培養優良品種便可以嗎？為什麼要「生物多樣性的耕地」呢？

這問題有三個答案：一，土地裏要有足夠的真菌、細菌、微生物和無脊椎動物，才能有效分解有機肥料或其他有機質來讓農作物吸收，即是有機堆肥的原理；二，昔日沒有化學農藥、溫室或網屋，要防止蟲害，就得靠大自然的天敵關係。例如蜘蛛在田中結網，可減少由飛蛾引起的蟲害發生；三，農田裏或周邊地方是農夫或同村兄弟打獵、採野果、野菜、草藥或家居建材的地方，功能如廣東老村常有的風水林。因此，農夫一直以來都不能只懂種菜；農村亦不是單單只提供上網、看電視和睡覺的地方。

國際食品法典委員會（Codex）在《有機食品生產、加工、標識及銷售準則》（Guidelines for the Production, Processing, Labeling and Marketing of Organically Produced Foods）中，提到國際有機農業運動聯盟（IFOAM, International Federation of Organic Agriculture Movements）對有機耕種的指引，還有香港對申請有機認證的要求，都是將促進生態平衡和健全定為首要條件。

可是，今日大部分的認證農夫都以生產為主，生態維護的不多。有機田上不是蓋滿整齊的膠膜溫室，就是拉起連綿的防蟲網，盡力地把生物拒之田外。土地被迫四季不停地生產農作物，種的都是可賣得好價錢的特色品種蔬菜。土地瘦了，就在農具舖買些外地運來的「高碳」有機肥料、有機農藥，漂亮地運用了「自然友善」、「綠色天然」等技術性的字眼，把賤價的蔬菜推上高檔的位置，務求賺取最高的利潤，全然將改善生態質素的重要責任置諸不理。這種有機耕種，不就是另一種霸佔自然資源的方式嗎？

結果呢？大興土木的高昂成本會自動轉嫁給消費者身上；購買優質的種子、有機肥料和有機農藥的可觀費用會自動反映在蔬菜價格上。加上通漲、原材料價格上升、人為的市場調控，久而久之，吃有機菜只能成為中產或中上產人士的身分象徵。

幸好，香港另有一羣「不認證農夫」，他們都較有性格，喜歡大自然、熱愛土地，並享受親手栽種蔬菜的快感。他們都認為認證公司規例寬鬆，收費不菲，而農夫又被迫做很多繁瑣的行政工作。結果，不能提高蔬菜質素之餘，亦變相令市民捱貴菜。他們情願以「有麝自然香」的方法，走「優閒農業」路線，耕種之外更開辦各式各樣的課程，像是耕種班、果醬班、有機肥皂班、田原麪包班等，教市民另一類享受生活的方式。又或舉辦不同的活動，例如有機農墟、稻米收割節、春耕嘉年華等，吸引城市人落鄉。

香港人印象中的鄉郊，是外國大而美的農村，必定是鳥語花香、村民熱情，農家菜可口。本地的優閒農莊要吸引顧客，除了要栽種不同種類的時令瓜果蔬菜和特色香草外，亦要飼養城市人愛看愛餵的山羊、白兔和錦鯉。若果額外設有中草藥園、菇菌園、蝴蝶園，就能提高訪客的興致，達到客似雲來的效果。

這個年頭，有機耕種不斷改良技術，為人類生產優質又安全的食物。這個年頭，有機耕種成為一羣為「種好棵菜」而不辭勞苦的農夫的生活依靠。這個年頭，有機耕種是城市人出走高壓，尋找永續夢想的後花園，也是體現人與自然萬物互惠共生的和諧空間——這個年頭的有機耕種，應是這樣的。

17 生態人的永續農業想像

Mollison 和 Holmgren 深信，未來人類要有好日子，首先要懂得關心和管理我們所寄居的地球（care the earth）；其次是真心愛護人類（care the people），並且能與缺乏的人分享剩餘（return the surplus）。這三個核心價值絕不艱深，各人滾瓜爛熟的什麼環保、低碳、惜食、不浪費、協助弱勢社羣、保護動植物等等都是源自這個核心價值。

我從事與動物有關的工作已經超過 15 年。10 年前，巧遇永續農業，結果令我走上有趣的農地生態之路。開農莊、教有機班、做農地生態復育、協助有機農場規劃場地，甚至到台灣分享「生態人的永續農業想像」。

永續農業，簡單來說是有機耕種的一種，由澳洲的生態學家 Bill Mollison 和 David Holmgren 在 70 年代創立，以照顧地球（care the earth）、照顧人民（care the people）和分享剩餘（return the surplus）作為整套理論的核心價值，再藉 12 個基礎設計原則來定立個人、農莊、社區，甚至城市以至於國家的資源運用方式和可持續發展方向。當中的理論淺顯易明，不受環境、資源的限制，於是短短的 30、40 年間成為最多人學習的有機耕種模式，全球過百萬人讀過它的「永續農業設計證書課程」，而我的「白鼻心•歷奇•農莊」就是以此為設計藍本。

「有機耕種」的本意是營造和維持一個生態平衡，且生物多樣性豐富的農場環境。可惜到了二次大戰後，農藥、化肥開始普及，為了提高產量而不停被「杜蟲」和餵食「補品」，土地被肆意荼毒！過去的大半個世紀，人類霸權的魔爪不斷掠奪土地。70 年代香港的農地面積是有史以來最廣，靠務農為生的人數過萬，蔬菜自給率高達 80%。光輝背後，田裏、田外的生物卻遭受到史無例的大清洗。那時的農地生態，簡單得似乎只剩下農田、人類和幾種人類喜歡吃的蔬菜瓜果。

在香港，由於有保護集水區以穩定食水供應而訂立的郊野公園法例，半個世紀以來，成為中高地區守護生態的結界，令生物在範圍內可以享受自然和平的生活，唯低地平原生境仍不斷遭受破壞。要拯救及扶助那些命懸一線的低地生物，推動動植物保護和復育是事在必行，但習慣深居簡出的香港人，任何宣傳或口號都是不中聽的空話。

本來以為形象環保的有機耕種似是新希望，但現今的有機耕種太偏重農作物生產，寧願以防蟲網或溫室來阻擋蟲害、鳥害，而非提高有機田的生物多樣性，實踐生物防治。若要農業生產和農地生物得到互惠、平衡而持續的發展，就必須同時注入傳統地區文化，還有睦鄰、同伴的慷慨互助關係，這就是「永續農業」了。

Mollison 和 Holmgren 深信，未來人類要有好日子過，首先要懂得關心和管理好我們所寄居的地球；其次是真心愛護人類，並且能與缺乏的人分享剩餘。

這三個核心價值絕不艱深，各人滾瓜爛熟的什麼環保、低碳、惜食、不浪費、協助弱勢社羣、保護動植物等等都是源自這個核心價值。

至於實踐的基本原則有12個，分別是：

1 觀察和感受 —— Observe and interact

2 收集和善用能量 —— Catch and store energy

3 合理回報 —— Obtain a yield

4 投入參與 —— Apply self-regulation and accept feedback

5 善用資源 —— Use and value renewable sources and services

6 不製造垃圾 —— Produce no waste

7 從大自然中學習 —— Design from patterns to details

8 尋找和善用不同東西的關係 —— Integrate rather than segregate

9 以慢和小的方法尋找答案 —— Use small and slow solutions

10 思考多功能 —— Use and value diversity

11 善用「邊緣」 —— Use edges and value the marginal

12 把握轉變的時機 —— Creatively use and respond to change

摸不着頭腦嗎？不用怕，其實不難理解。以「白鼻心」為例，當我發現那片看似符合理想的農地後，仔細「觀察和感受」田裏田外的各項優劣條件，思考如何「收集和善用（太陽、風、水、人和社區的）能量」。我發現天時、地利和人和配合，便設定短、中、長的「合理回報」，再決定自己如何「投入參與」，並以「善用資源」和「不製造垃圾」為建設和發展農莊為座右銘，好好運用場內的建築廢料，把竹綁起來成為籬笆、磚砌起來成為梯級和護土牆、膠幕用來培苗和鋪地。

生態和有機耕種都是易學難精的學問，必須虛心地「從大自然中學習」，從中「尋找和善用不同東西的關係」，例如蕉樹是功能多多的產果作物，極為適合香港炎熱潮濕的亞熱帶氣候，生長快速而壯健，樹形高大鮮明而具生命力，是理想的樹籬材料。母株旁經常長出多個「吸芽」，只需三兩年便可成為小樹林，為昆蟲、爬蟲提供住處，為雀鳥、蝙蝠提供食物，亦同時為無數的細小生物提供舒適穩定的微氣候。花蕾可供食用；蕉葉卷包傳統圍村茶果；老樹整株樹砍碎作堆肥材料等。農務工作，不一定是多勞多得，主要是「看天」，其次是經驗，因此在開莊初期要「以慢和小的方法尋找答案」和累積經驗。要以開放的態度「思考多功能」：例如菊科的蔬菜茼蒿，是可驅蟲的有味植物，它的美麗花朵為園藝增添色彩，又提供了能吸引蚜蟲天敵「食蚜蠅」的蜜源。在場地設計上要「善用『邊緣』」；因為彎彎曲曲的田畦比長方形的種菜量更多；彎彎曲曲的水道令溪水留在田裏的時間更長，增加田間濕度；彎彎曲曲的樹籬更有效地擋住破壞性的強風等。由一念到嘗試，可能得到成功，又或遇到挫敗。先不要計較，盡力「把握轉變的時機」，靈巧地作出或步驟、或心態、或節奏的調節，事情的成果必定比預期豐富。

合理地運用大自然慷慨的供應、努力工作但不計較得失、樂天知命、願意與同伴分享成果、重塑昔日和諧的睦鄰關係。以上種種都是永續農業給我新的正能量，並往後生態復育工作的寄託。

18 耕田先要學的**農地生態**

秋去冬來，雜草枯萎了。冬去春來，雨水滋潤泥土，雷聲驚醒蚯蚓小蟲。蝸牛、跳蟲以枯草為食，牠們以腸胃來分解乾澀的纖維，排出的便便就成了種子萌芽後所需要的養分。泥土內，植物的根、蚯蚓、菌絲、馬陸和鼠婦使土質慢慢變得疏鬆肥沃。但畢竟，這個自我修復的速度，遠不及人類的破壞來得快。

相對於友善對待土地，並且着眼可持續生產的永續耕種，常規耕種的技術，是要有效地在最小的農地，針對性地投放無機肥料或施以化學農藥，期望栽種出最多的農作物。誰會去管農地自身是否健康快樂？

過度種植不是問題，因為有速效的合成肥料，為泥土補充養分；害蟲滋長不是問題，因為有特效的化學殺蟲藥；養出抗藥性的害蟲病菌不用怕，因為可改變農作物的基因，令害蟲光看見便立即倒胃；野鳥入侵不用怕，因為便宜的捕鳥鬼網，不一會就能把牠們捉光。全靠這些先進科技的協助，農田才可以不受季節限制，又或害蟲害獸騷擾，全年都能種出又靚又平的農作物。可是，沒有難度的栽種技術，往往令蔬菜供過於求，利潤降低。加上傳統觀念中，農夫是無學識的粗人、耕田是日曬雨淋的低下工作；因此，若有機會轉行，他們都樂於轉行；有人想買地，他們都高興易手。

故此，香港以農夫為職業的人愈來愈少，荒廢後長滿雜草荊棘的農田，卻愈來愈多。商人聰明地將被棄耕的農地推平成為貨櫃場，將魚塘填滿來做拆車場，又或興建什麼花園洋房，使農地長埋三合土之下。

時移世易，這幾年間有不少人過膩了城市呆板的生活，或是感到生活壓力，想回歸土地，嘗嘗當農夫的滋味。他們問我這個開過農莊的過來人意見，我就直接問他們，你懂不懂耕種？有沒有地？有多少時間？有多少錢？想賺錢的話就請個有經驗的農夫來打理農莊，然後劏田分租！要不就拉網屋、建溫室來栽種技術相對低、利潤卻可觀的有機菜。

倘若你是超現實的硬頸派幻想主義者，想成為如同台灣或日本水平的有機農夫。你首先要學的，不是耕種技術，而是學習農地生態及進行生態復育工作。

為什麼？因為只有改善現在普遍土質堅硬而貧瘠、雜草害蟲超多的農地問題，才能不怕將來接踵而來的蟲病害爆發、農作物營養不良、昂貴的防蟲設備和有機肥料等難關，綑綁耕種的收益。

農地生態復育又是什麼呢？簡單而言就是將環境修復至未被人類太大騷擾的狀況。現在的荒廢農地，若還未被三合土活理，大都有農藥殘留和合成肥料積聚的問題。泥土硬實，只有雜草能夠生長。泥土內的真菌、微生物和無脊椎生物都是少得可憐，難以進行有機耕種。若然給它足夠時間，理論上還是可以自行復育的，需知道大自然本有自我修復的機制。

秋去冬來，雜草枯萎了。冬去春來，雨水滋潤泥土，雷聲驚醒蚯蚓小蟲。蝸牛、跳蟲以枯草為食，牠們以腸胃來分解乾澀的纖維，排出的便便就成了種子萌芽後所需要的養分。泥土內，植物的根、蚯蚓、菌絲、馬陸和鼠婦使土質慢慢變得疏鬆肥沃。但畢竟，這個自我修復的速度，遠不及人類的破壞來得快。

當化肥和農藥的負面影響逐漸減退，便要減低優勢雜草的壟斷局面，然後使土地再次成為各種動、植物的樂土。我們可從改善環境入手。以復育田間水道為例，「白鼻心・歷奇・農莊」是在一條沒被污染的溪澗旁邊。靠水吃水，於是我在農莊內修築水池，在田畦四周開鑿灌溉水道，營造濕潤的水生生境。目的是令菜田整體的濕度上升，改善農田裏的微氣候，營造一個有利農作物生長的環境，同時亦可減輕日常淋水的工作量。

更重要的是，上升的水氣在葉間形成蜘蛛、螳螂生存不能缺少的露水。彎彎曲曲的水道是青蛙和蜻蜓的繁殖場，也是田雞、田螺、田蟹（桂花蟬）和魚蝦蟹等一眾水生生物賴以生存的自然生境。水邊生長迅速的野花野草一方面為一眾生物提供食物和住處，令牠們得以保持穩定的種類和數量。另一方面，這裏也是那些捕蟲雀鳥喜愛光顧的覓食場，牠們會順便到旁邊的田畦溜達，幫忙捉蟲。雜草是堆肥之中碳成分的重要來源，把腐熟的堆肥混入田畦裏，能令農田變得疏鬆而肥沃，有利農作物的根部發展和吸收養分。

在農莊內外和四周，我還栽種桑椹、黃皮等果樹；橘子、荔枝等蜜源植物；馬藍、梔子等原生植物來美化環境和提高有機田的生物多樣性。就這樣，讓這些動、植物繼續自然發展，而我只從旁做些簡單的修修剪剪。三、五年後，待土地裏各種生物的數量變得豐富而穩定，農田變得疏鬆而肥沃，場內的生物多樣性豐富而令蟲害的問題得到抑制，鳥語花香的環境就可令耕種的生活變得舒暢和輕鬆。

生態是人與自然之間互動的關係，生態環境除了有由小溪和池塘組成的濕地之外，還有由樹木組成的樹林；由矮小灌木組成的灌叢；由不同種類的草本和禾本科植物組成的草地或草坪，當然還有由蔬菜和果園組成的農田，而農地是人類自古以來生產食物的地方。不同的生物天生傾向棲息於不同的生境之中，因此保留和回復農地四周多樣的生境，便能穩定生境，也穩定了農夫的收入，這是立竿見影的。就是這麼的一個多樣而平衡的生態環境，農田才可做到不施農藥化肥，又能栽種出有水準的農作物。這樣，差不多一個世紀前創立的「有機耕種」才能成事。

19 再造風水林

基於要營造生物多樣性的生境，以達至生態平衡來保證穩定的收成。於是，每當我做永續農莊或農村設計時，我總愛將各種生態關係加入場地裏，其中永續農業裏「食物森林」（Food forest）的理念就是我最愛的技術。食物森林，其模式和功能，說穿了就是我們一定聽過的「風水林」。風水林是一種落實天文、地理、生物與農業於生活之中的永續工程。

活在城市的我們，對於耕種是摸不着頭腦的！有沒有試過在家中窗台種蔬菜、香草？明明每天都有陽光照射、有黑色的泥土，自己不偷懶的天天澆水，為什麼老是種不出像樣的蔬菜！菜心如是，蕃茄如是，蘿蔔亦如是！

若非試過落田耕種，我絕對不會知道，農作物喜歡的日照，原來是由日出到日落，不間斷地直接照射；適合農作物生長的泥土，它的質地原來是鬆散而成小顆粒狀；淋水是門大學問，過多會把根部浸爛、過少太陽一曬便被蒸發掉，天氣太冷又或回南天又不宜淋太多……

回想那段同時要應付全職工作和有機農莊田務的日子，非常充實而超級辛苦。差不多每天下班和假期都要落田栽栽種種、修修剪剪，又或是掘掘鋤鋤。看着野草和害蟲橫行的農地，常洩氣地假設，如果是選擇做常規農夫，多好！不用進行間作或提高場內的生物多樣性，也不需要同時照顧10多種栽種方法不同的農作物，還有20多種習性迥異的生態植物。施肥就用針對性的長葉丸或結果丸；有雜草就打草水，有害蟲就打蟲水。蔬菜長得又快又綠、瓜果長得又大又靚。

無奈自我陶醉於那份當農夫的浪漫情懷，認為能夠種出美味又漂亮的蔬菜就是好男人，踏實地用鋤頭在田裏幹活才是真漢子。最要命的，就是單純地希望用汗水和肌肉去證明不傷害土地亦能種出外表美麗，味道甜美的食物。

當然單有汗水和肌肉仍不足夠，還要用腦。由於自己的專業是動物保育，在我眼中，田裏所有的東西，彼此之間存在着非常複雜而密切的生態關係，而當人類介入後，又引伸出各種文化價值和經濟價值。例如看見菜心，我會想起它是十字花科植物。十字花科的成員是我們愛吃的蔬菜，像是芥蘭、白菜、西洋菜和白蘿蔔等，因此它們都是可買得好價錢的農作物。而田裏常見白底帶灰斑的東方菜粉蝶，就是衝着它而來的「害蟲」，牠的幼蟲是專吃十字花科植物的那種綠色菜蟲。這些綠色菜蟲多肉、多汁又沒有毒，於是成為一眾肉食生物如螳螂、跳蛛和雀鳥的至愛美食。農夫為了要防範綠色菜蟲引致的損失，可能需要架起防蟲網、打有機農藥，至於我，當然是在田邊種些雀鳥會喜歡的植物，令牠們自願留下，幫手捉蟲——一個簡單的農場環境，就是一個彼此連結的生態場。

基於要營造生物多樣性的生境，以達至生態平衡來保證穩定的收成。於是，每當我做永續農莊或農村設計時，我總愛將各種生態關係加入場地裏，其中永續農業裏「食物森林」（Food forest）的理念就是我最愛的技術。食物森林，其模式和功能，説穿了就是我們一定聽過的「風水林」。風水林是一種落實天文、地理、生物與農業於生活之中的永續工程。可惜因為是農業年代的智慧，今天往往由於「風水」二字，而被渲染為迷信的東西。

中國以農立國，農夫不是一種職業，而是生活的全部。因此他們要懂得分辨、種植和使用各種動、植物資源，然後營造一個適合牠（它）們生存的空間，以便順化後給村民隨時收取和使用。我們廣東村落的房屋，一般都是座北向南，村前是農田，背後有靠山，靠山多是一片蔥蔥郁郁的樹林。這片樹林是愈大愈好，其主要功能是阻擋又冷又乾的北風，儘量把雨水和濕氣保留，然後慢慢釋放，令溪水長流，藉此穩定村莊的「微氣候」。村民住得舒適，農作物長得茂盛，然後個個家肥屋潤，風生水起，所以喚作風水林。這是全村的命脈，是神聖不能侵犯之地。代代相傳，於是變成歷史悠久的「原生樹林」，內裏蘊藏豐富的本土生草藥、果實和野生動物資源。

當我以永續農業作為規劃的原則時，我把「風水林」的概念伸延至整個農莊範圍，甚至農莊外的周邊地方也視為生產或協助生產食物的助力。把所有生命或自然的東西儘量連結起來，成為一種與自然相近的「共生」關係。簡單說，日照足的地方大都給季節性的瓜瓜菜菜生長，作主要生產和收入來源，而旁邊的地方就是房屋、活動棚、堆肥區等結構性設施。在這些硬件之間，又會按不同植物的特性——例如喬木、灌木；一年生、多年生；全日照、半日照等原則，還有按食物、草藥；文化、生態等不同功能——將最多品種和數量的植物種在農莊內，以達到穩定濕度和溫度、提高產量、增加生物多樣性和減少蟲害等效果。

簡單以例子解釋：農田的北面可建房屋，而為了遮擋北風和烈日，可在屋旁栽種荔枝樹。荔枝是極之適合香港氣候的常綠喬木，是美味的水果和優質的蜜源植物。樹下可以栽種耐陰的灌木，像是相當受現代人歡迎的咖啡樹，咖啡樹下又可種些半日照的香草，如薄荷，又或草藥，像狗肝菜。

很複雜吧！雖然大自然的法則很簡單，如「物競天擇」、「此消彼長」，但經過陽光、土地和生命纏繞交織出的不定性，不要說久居石屎森林的城市人，就是我這個生態人有時亦摸不着頭腦。

可能喜歡那份隨意和難於觸摸的感覺，覺得當農夫是一件極浪漫的事。試想想，為了所愛的土地，犧牲自己吃喝玩樂的時間去陪它、了解它；犧牲自己的個性、喜好去成為它背後的男／女人，令它欣欣向榮；犧牲自己力爭回來的專業，去成全它的永遠青蔥美麗，然後淡淡然的謙卑地履行人類管理大地的責任。難得遇上如此有意思的生活，就不要去羨慕常規農夫了！

食物	
蕉	品種多，栽種容易，全年可結果。蕉堆保濕力強，能為生物製造較濕潤的 微氣候；蕉花提供大量花蜜，葉是黃斑蕉弄蝶的寄主食物。蕉葉可用來包裹農村小食。
熱情果	多年生的攀爬植物，會開出奇異的花和結出美味的果實。它既強壯又生長迅速，令它爬滿圍繞果林的鐵網。可為生物提供躲藏避難的空間。
檸檬、柑桔和龍膽桔	這些芸香科的植物是多種鳳蝶的寄主植物，亦是昆蟲重要的蜜源。檸檬和龍膽桔可以鮮食，而柑桔醃製後是傳統化痰止咳的良果。
咖啡樹	是近年最受歡迎的樹種。香港的氣候是能種出美味的咖啡豆的，適合林蔭下的生境，種在高大的果樹下，可使栽種的空間立體化。只要落肥恰當，可輕易增加土地的經濟價值。
桑樹	是多功能的果樹。它的果實能食用或加工成果醬；葉可養蠶和作為動物飼料；樹幹上寄生的桑寄生是傳統的中藥；坎下來的樹幹是堅硬耐用的木材。但由於是雌雄異株植物，要多種幾棵，才能保證收成。

食物	
無花果	生長迅速，打果甚多，人類和野生動物都愛吃。在園藝店買回來的小樹，落地栽種兩年左右便可結出相當多的果實
蕃薯	品種甚多，差不多完全不用照顧的農作物，只需定期除雜草和施肥便可。它能有效地覆蓋土地，為生物提供穩定的生活環境。
夜香花	多年生的攀爬植物，會開出一串串白色的小花，花期在夏季，是冬瓜的消暑好拍檔。
薑	廣東三寶之一，是薑弄蝶的寄主植物。薑是香港人最常用的香料，它是一年生的農作物，平日只需少量的照顧。
辣椒	除了是廣泛被使用的香料植物外，亦可製成有機蟲水、嫩葉可作蔬菜食用、根部能分泌驅蟲的化學物質等，驅除泥土中的害蟲。

藥物	
金銀花	多年生的攀爬植物，會開出黃白兩色的花，花期超過半年，是昆蟲重要的蜜源。鮮摘泡茶或曬乾入藥均有清熱解毒之效。它是殘鍔線蛺蝶的寄主植物。

文化	
竹	是農村裏的萬能植物，它種類眾多，高矮肥瘦，各適其適。竹荀可食、竹葉可用來包糭、竹杆可作魚杆、竹蔑可紮燈籠、竹支可搭瓜棚，還有竹枱、竹櫈、竹棚、竹籮、竹掃掃帚等等。竹林是雀鳥喜歡棲息的地方；竹舞蚜是蚜灰蝶幼蟲的食物。由於果林地方有限，我們會種可供搭瓜棚的寒竹。
白蘭花	是木蘭青鳳蝶和統師青鳳蝶的寄主植物。是傳統的天然芳香飾物，花多，花期長，易栽種。以矮化方式修剪，既不會做成過陰的環境，花朵又可輕易被採摘得到。
馬藍	是一種生長迅速的原生草本植物，冬季開出紫色喇叭形小花。在舊日的新界各地常被大量栽種，原因是它的葉和莖是藍染的原材料。它是白觸星弄蝶的寄主植物。

文化	
黃薑	會開出淺綠色的晶瑩花球。它與薑有相似的功能，可做成黃薑粉。而它的根莖，是可以把白布染成黃色的天然染料。
假花生	這種貼地匍匐生長的豆科植物，能有效地鎖住泥土中的水分和養料，不會因為日曬、風吹或雨水沖刷而流失。它根部的根瘤菌能把空氣中的氮轉化為植物根部可以吸收的氮化合物。簡單講這種固氮的過程能自然地增加泥土中的養分。
紫草	一種生長迅速的多年生草本植物，根部可深入土層，將次深層的養分帶上表土。紫草含豐富的氮和鉀，葉片少纖維，極易分解。可以直接放入泥中或製成紫草水，250 克紫草葉加 12 公升水，以蓋密封，四至五星期後便可以稀釋使用。
苧麻	是苧麻珍蝶、小紅蛺蝶和散紋盛蛺蝶的寄主植物，舊時會用它的枝條來製造麻繩。

有**蟲**才有機 ⺀ 城市種菜**好鬼易**

自製**肥仔水** ⺀ 自私的**基因**

第四部

人在田（下）

20 有蟲才有機

每當突然發現牠就在眼前或身旁，不用害羞，立即從心底高呼 Honey（蜜糖），能多喊幾聲更好。練習多了，當驚叫之後，便會懂得感激牠為我們製造甜美的蜂蜜，又會感謝牠為木瓜和秋葵傳播花粉，然後會發現不再怎麼怕牠了。

「半農半X」這個名詞，是由日本人塩見直紀提出。他是個保守的老實人，認為轉行當有機農夫是有風險的，因此應該先轉一半，作為兼職，待肯定自己真的適合這種生活，並且有能力應付田務，才轉為全職，較不易失敗。

為什麼要如此慎重認真呢？我認為全天候的農務環境，對於我們這些城市長大的溫室小花，實在太多挑戰和驚喜。你會說，我天生骨骼超乎常人，不怕勞動、皮膚能長期曝露在外，不怕日曬風吹；兼且可以照顧菜蔬做到溫柔體貼，呵護備至。不過，你看見白紋伊蚊不會坐立不安、看見蟑螂不會尖叫、看見蜜蜂不會歇斯底里嗎？進行有機耕種時，由於牠們不是傳統的「害蟲」，我們不但不能立即拿出「電蚊拍」替天行道，殺過痛快，相反還要拜託牠們看守有機田。這不是太令人精神分裂嗎？

其實要學會栽種技巧和不同的農法，只要認真上網尋找資料，然後落田實踐，大都可順利掌握。但對於沒有生態概念的城市人，農地上神出鬼沒的蛇蟲鼠蟻是會令人抓狂，並且在心裏留下烙印的。事實上我就是過來人，是的，我天生喜歡動物，卻還沒有到濫愛眾生的地步。我只是有獨門鍛煉膽量的方法，就是想辦法放大牠們可愛的地方。以蜜蜂為例，牠們時常以沒有固定軌迹的方式亂飛，因此不要太專注牠那毛茸茸又不易看得清楚的細小身體。每當牠突然就在眼前或身旁出現，不用害羞，立即從心底高呼Honey（蜜糖），能多喊幾聲更好。練習多了，當驚叫之後，便會懂得感激牠為我們製造甜美的蜂蜜，又會感謝牠為木瓜和秋葵傳播花粉，然後會發現自己不再怎麼怕牠了。同樣的方法也可用在那些樣子不甚討好而且神出鬼沒的青蛙身上，每當看見牠，饞嘴的可高呼「田雞飯」，而動漫迷可大叫 Keroro。田野上小動物的可怕，多出於我們豐富的聯想，只要懂得改變思想的先後輕重，便會發現，我們昔日杯弓蛇影什麼都怕，其實傻得可愛。

能言善辯的你一定會反問，大部分可怕的東西，好像沒有什麼誇口的功能！若果從我們有限的生態知識出發，這個質疑是對的，加上尊貴萬物之靈的身分，這些可怕的小蟲真的是不能不死！但我想提醒習慣整潔安逸的城市人，下鄉耕作所為何事？說到底，有機耕種是不能在商場、大廈，或工廠貨倉內進行，而永續農業對環境資源上的運用，又是既複雜又艱深，但為了達成親手栽種食物的心願、為了子孫日後仍可享受猶如我們今天豐足的自然資源，克服害怕生物的陰影，是至為重要的。

若果是普通市民，平常只想去休閒農莊玩玩，便不必強迫自己學習甚至愛上所有田間生物。當然，若你懂得牠們，還是有益無害的，至少能幫你辨別那些自認「有機」的農莊是「假有機」，還是「真呃錢」。買貴菜算是倒霉的小事，多吃了農藥、壞了身子也算，被欺騙後傷了感情便不值得。

認識田間生物，最容易的方法是從食開始。香港人愛吃菜心、芥蘭、白菜、西蘭花等十字花科植物，久而久之，農田裏便愈來愈多靠吃它們為生的生物，其中最麻煩的算是黃曲條跳甲，一種農夫暱稱為「狗蚤仔」的小甲蟲。牠們身長只有 1.5 至 2.4 毫米，由幼蟲到成蟲靠吃十字花科為生，是一旦出現便不易清除的害蟲。但若以蟲害防治的第一條指引「預防勝於治癒」的方法，進行輪作和間種，輪流種植茄科的蕃茄和菊科的生菜，便能把牠們在泥土中的幼蟲餓死，迅速減少族羣數量，但不要期望對牠們進行種族清洗，這是要不得的舊思維。有機耕種是要生物多樣性，「害蟲」是生態失衡、農夫技術不夠的結果，而且田間的雜草，如薺菜和焯菜都屬於十字花科，執着斬草除根，難道要用殺草水？

做好規劃、管好栽種的秩序，是可以防止大部分的蟲害滋生的，但有丁點落田經驗的朋友都能發現，十字花科品種太多，加上市民極度喜愛十字花科的蔬菜，種不夠會影響收入，做了輪作亦不能避免狗蚤仔小爆發，因此還得靠不時不種和改善泥土質素這兩條金科玉律互相配合！不時不種令農作物在最適合自己的氣候環境生長，生得又快又開心，心廣體胖自然少病痛，而改善泥土質素即適時翻土、追肥、加基肥，泥土疏鬆肥沃，令很多很多蟲蟲，例如蚯蚓、千足蟲、蝸牛、蠼，甚至小蜈蚣等小動物優遊自在地生活。連小蜈蚣都有，不是愈來愈可怕嗎？不用太擔心，大部分的蟲蟲都是見光死，耕種初班的朋友只要先不要做翻土、翻堆肥，或幫瓜果在夜晚授粉這等超級惹蟲的工作，可減少達九成被蟲嚇一跳的機會。

若果你是正常的城市人，上班、上課和正常社交都很忙碌充實，通常都會錯過農作物轉季、培苗的時機。更多時候，是沒有時間施肥，甚至淋水，使得農作物日漸虛弱，動輒得病。如果經驗不足，選錯了培苗，但又不忍心移除，更會引起蟲蟲爆發，連累其他農作物被侵襲。蚜蟲是其中一種常見的死亡使者。牠們聯羣出動，看似和平地在蔬菜的莖部或嫩葉上聚集，其實正以特化了的口器吸食菜汁。牠們很細小，往往防不勝防；一旦發現已經廣泛入侵，為害嚴重。這些令農夫沮喪的小蟲，非但吸乾小葉的水分和養分，或令菜葉變形影響賣相；也會傳播病毒，令植物生病甚至死亡。可千萬不要灰心喪志，任何寶貴的經驗必先經淚水洗滌。蚜蟲這些小嘍囉，天敵多的是：雀鳥、螵蟲、食蚜蠅等都是。不靠這些天敵也不打緊，噴牛奶同樣能把牠們殺死。

所以，即使蟲害爆發亦不要對大自然抱怨恨之心，失收的原因，錯不在蟲。正所謂種瓜得瓜，一分耕耘，一分收穫。全職農夫都懂得計算收成率，若你只是半農甚至不算農，應先學習農夫「粗皮厚肉膽粗粗」的特質，說到底，我們需要靠蟲蟲分解地裏粗糙的有機質、幫忙傳播花粉、平衡農地生態，令我們能夠繼續以過永續農夫的生活而自豪。

21 城市種菜好鬼易

相比被高樓大廈包圍的社區或屋苑農圃，在建築物最高點的天台農圃，如果沒有屏風樓遮擋，就有最多的陽光曬烘，最好的空氣流動和最遠的視野遠眺，適合植物生長之餘，也令人心曠神怡，樂而忘返。

自從迷上了螢火蟲，我時常瞞着家人，獨自摸黑上路，在荒山廢村裏尋找牠們奇幻的身影。在新界的荒廢農田，往往會有大羣大羣的螢火蟲在飛舞。這時，我會找個有利位置，靜靜坐下欣賞牠們閃熠的螢火匯演。若非農田被荒廢，螢火蟲根本沒有生存的空間，但看見破落的青磚屋，心裏不其然湧起一份無奈。

究竟是耕種辛苦不易做，還是人各有志，不甘一生被困在窮鄉僻壤之中？年輕人在城市幹了一番事業，孝順地把年老的父母接去同住，為了共聚天倫，只好離棄土地！

這樣想來，耕種並不是一件令人討厭的事情，人們不感興趣，只是過慣了城市安逸舒適的生活罷了。即使我們的心靈呼喚我們到農村走走，呼吸新鮮空氣和舒展筋骨，但慵懶的身體卻扯着我們的後腿，狡辯說難得有一天假期，情願多睡一會，做些簡單的吃喝活動便算。情況就跟城市人對生態活動的態度一樣，縱然香港有20多種螢火蟲，遍佈港、九、新界，而且不乏香港獨有品種，但若不能把牠們帶到城市，恐怕牠們將會在學者未曾着手研究之前，便已經永遠消失。

由於有了這個領悟，當我遇上有濃厚生態色彩的永續農業時，便認定這是能夠幫城市人邁向身、心、靈平衡的生活取向。只要把有機耕種帶入城市，遇上人類，那麼便可形成生態的鐵三角，市民多落社區農圃或上天台農莊，永續的種子便可順利播下。仔細觀察，原來有機耕種的尾巴早已伸入城市之中。近年天台耕種這題目，不是被炒得熱烘烘嗎？相比被高樓大廈包圍的社區或屋苑農圃，在建築物最高點的天台農圃，如沒有屏風樓遮擋，就有最多的陽光曬烘，最好的空氣流動和最遠的視野遠眺，適合植物生長之餘，也令人心曠神怡，樂而忘返。

先找幾個有興趣耕種，又不怕日曬泥穢的朋友或同事，合資買植土、水喉、有機肥料、種子，同時回收花盆、枱櫈、水缸、年桔等東西，便可開始耕種。說到耕種，我最愛種植豆科的東西。眾所周知，豆科植物的根部，有叫根瘤的特化組織，能把空氣中的氮氣轉化為植物根部能吸收的養分。若大家自問不懂澆水、不會施肥，又怕曬傷皮膚，在炎炎夏日，芸芸農作物之中，最適合初學者栽種的是豆角；傳統的有白豆角和青豆角，還有美麗的紫豆角和短而飽滿的玉豆。把三至四粒豆種埋在同一個穴中，不久便會發芽，把較弱小的拔掉，留下一至兩株較強壯的繼續栽種，萌芽後大概每兩星期施肥一次。由於它們能自制氮肥，因此肥料主要為促進發育、生長和開花的磷肥，還有促進結豆的鉀肥。需要找一個架或亂七八糟的自搭棚架給它攀爬，若有技術和時間，可用長約2至3米的竹枝搭建棚架，引誘它向上伸展，刺激子蔓發育，並為豆角提供懸掛的空間。只要天天澆水，多多少少都會有收成，不幸地真的連一棵豆也沒有，屬蝶型花科的豆角花也有很高的觀賞價值。若是情況壞到沒豆也沒花，只要植株不死，它的根瘤會不斷制造氮素，肥沃泥土，為下一輪蔬菜做好準備。

如果你自問夏天上田的戰鬥力不止於此，大可再挑戰蕃薯葉和莧菜。蕃薯喜歡夏季的高溫和猛烈的陽光，泥土不用肥沃，只需疏水透氣，是非常粗生的農作物。蕃薯能用插技的方法栽種，只需找來十數枝 50 至 60 厘米長、健康粗壯的籐蔓，斜插入泥土，每天澆水，待生長穩定了，施一次以氮為主的肥料，便可採收一整個夏天。至於莧菜，對土質要求不高，而栽種期又只有 20 多日，只要天天澆水便有收成。

只種三種農作物的話，好像浪費了整個天台！縱然大家沒有太多時間打理，但還是想園圃豐富一點，大可栽種各式香草，如薄荷、羅勒、香茅、辣椒、臭草、紫蘇等，全都不需怎樣照顧，它們不惹蟲但樣子又漂亮又有味道。這樣，你的天台農莊有十來種農作物，就是不施肥、除蟲和收枝，單單澆水都已經夠忙了。

夏天吃瓜，冬天吃菜。苦瓜、節瓜、冬瓜、南瓜等大部分「痳瓜族」成員都是炎夏的「太陽之子」，心思思想挑戰一下嗎？初階者可先試試不用搭瓜棚的南瓜。不過，值得留意的是香港夏季多颱風，天台毫無遮擋，若非有搭棚師父幫手搭棚，颱風過後可能會連瓜帶棚不翼而飛。南瓜品種極多，形狀和顏色多變；只要有足夠空間給籐蔓肆意亂爬，結瓜時，找些雜物把它墊起，來減少由蟲蟻造成的破壞，那麼十月的萬聖節，便一定有自家種的南瓜過節。

10 月，位處亞熱帶的香港，是一年之中最適合戶外活動的時間。熬過炎夏的你，順利通過耕種試用期，已是有經驗的農夫了。你大可放膽嘗試栽種生菜、菜心、芥蘭、茼蒿、椰菜等碧綠味美的葉菜。天台位置超然，不沾土地，傳統蟲害、鳥害和獸害的風險大大減低，只要你不是不能早起，又或工作纏身忙得連澆水都不能承諾，便一定有收成。倘若能夠勤力一點，每兩星期施肥一次，加上在小棚裏適時培苗，你會不能置信地發現你的耕種技術實在太好，收割下來的菜是太多，吃不完，不送給朋友便容易抽花、變老、不好吃，把菜白白浪費掉。

葉菜之外，甘筍同樣是不易失敗的農作物。事前找來至少高20厘米的花盆或植牀，加入鬆軟疏水的泥土，然後將種子直接播下，每天澆水，間中落些草木或炭灰來增加鉀元素。這樣，一枝枝紅艷欲滴的甘筍便會奇妙地在泥土裏生成。如果不想它們的形狀如同人蔘般奇怪，只需撒種前將泥土中的碎石雜物挑出便可。

是否已經真心愛上耕種？是否已經改變了一向顛倒日夜、多肉少菜的壞習慣？是否不再動一動、走幾步便腳抖兼氣喘？那麼，有興趣栽種較高難度的蕃茄嗎？原產於中、南美洲的蕃茄，喜愛溫暖乾燥的氣候，在香港全年皆適合栽種，但以秋季最好。傳統紅色、圓形的車厘茄，又或綠色南瓜形的肉茄，甚至是啡黑色的朱古力茄，都是鮮有的又靚又美味的農作物。看見一串串鮮紅飽滿的蕃茄掛在瓜棚上，任誰都會為自己能成為農夫而感到自豪。

一如大部分農作物對泥土的要求，疏鬆的質地混入植物性堆肥或牛糞堆肥能作為基肥，為植株提供生長所需的基本營養。移入幼苗後適時澆水和施肥，那麼四、五個星期後有花開，再過兩、三個星期便有蕃茄收成，種蕃茄就是這麼簡單！真的這麼簡單？對於成為「有經驗農夫」的你要開始懂得對農作物有合理的期望，蕃茄的種類繁多，大概有7、8,000種，你栽種的是哪一個品種呢？植株的有多少？植物有多高？每株有多少收成？在天台的話，選不會無限伸延的「自封頂型」品種較適合，移苗後約一星期後用一次以磷較多的肥料，以供幼苗生長之用。這種蕃茄長得不高，只需竹枝支撐，不用搭棚，又會自動停止伸延，然後開花結果，省卻很多修剪則芽和施肥的工作。只要在發現快速生長時追一次以氮為主的肥料，而開花後再追一次以鉀為主的肥料，以供植株開花和結果便可。

植物在地球生活的歷史比我們人類長很多很多，經歷各種滅絕性的威脅，他們都能一一捱過。在農田或天台，即使我們不負責任地放任不管，它們都會堅強面對，默默承受，盡力改變自己適應任何無情的對待；一有機會，便履行生存的任務，開花結果，繁衍下一代。作為「有經驗農夫」，當你真心愛植物、真心感謝它為我們提供健康美味的食物的時候，你會發現，種菜是一項滿有挑戰，而且殊不簡單的有趣活動。

22 自製肥仔水

若用嘴巴證實了這條真的是屎，會立即從嘴吐出。吐出來的魚屎若果未曾粉碎，對其他魚還是具有吸引力的，如是者，好端端的一條魚屎，不一會便碎成屎粉。屎粉隨水流被抽水馬達抽到魚缸頂的過濾盒中，由濾棉隔離，然後慢慢被硝化細菌分解成對魚無害的有機物，或積聚在濾棉中又或隨水流回水族箱內。

生於雙魚座的我，自小同魚特別投緣；小時候飼養的第一種寵物是兩尾橙白色的小金魚，回鄉度歲一定去田間水道捉溪魚，幾年前時常去海南島是為了做魚類記錄和拍攝。一直以來我流連旺角「金魚街」觀魚的時間，比上商場購物的更長。閒來無事便會到菜市場重溫和更新鹹、淡水魚的資料。對於養殖文化上的桑基魚塘、稻田放魚、四大家魚，又或是神話中龍之子——龍頭魚身的「螭吻」，和引起地震的鰲魚等魚事都有深究的癮頭。

接觸農業多年，最近迷上了「魚菜共生」，這是一種結合耕種和養殖的食物生產方式。我一直以為農田只出產瓜菜，是不夠永續發展、經濟效益和文化深度的生產模式。而且，魚和菜本來是自然界能量循環的絕配，魚糞中的氮、磷、鉀、鈣、鎂、硫，以及其他微量元素，正正是植物需要的營養。將牠們連在一起，我們便可同時獲得魚的蛋白質和蔬菜瓜果的營養。還有更重要的是，魚菜共生這裝置能真正將「生態帶回家」，有效幫助城市人開「自然眼」。

吹捧到近似萬能的東西，其運作很簡單，若果你有養觀賞魚經驗一定知道，魚兒吃了魚糧後不久，位於下腹的肛門便會拖着一條長長的魚屎。這時其他貪食，或頑皮的魚便會追逐過來，爭相吸食。若用嘴巴證實了這條真的是屎，會立即從嘴吐出。吐出來的魚屎若果未曾粉碎，對其他魚還是具有吸引力的，如是者，好端端的一條魚屎，不一會便碎成屎粉。屎粉隨水流被抽水馬達抽到魚缸頂的過濾盒中，由濾棉隔離，然後慢慢被硝化細菌分解成對魚無害的有機物，或積聚在濾棉中又或隨水流回水族箱內。由於魚兒每天都吃東西，吃完當然需要拉屎，因此箱中的有機物總會有飽和的一天，然後危害魚兒性命，因此需要定期換上清潔的水。

含有魚屎營養的魚水，若果用來灌溉，豈不是能同時為農作物施肥嗎？若果我們在那個過濾箱中種菜，不就可省下灌溉和施肥、洗棉和換水的超懶惰耕作養殖法嗎？可能是由於養魚養膩了，於是有人將魚缸放在有陽光照射的窗台、陽台或天台，把濾棉換上用來種蘭花的陶粒，將濾箱的出水口加了如同抽水馬桶的「虹吸式裝置」，只要水一滿，水便會自動流走。移上幾棵自己愛吃的蔬菜，細心觀察其成長，最後收割煮熟來吃，種菜便是這麼簡單。

想吃魚的話便把金魚換成鯽魚或鯇魚，餵些沒鹽沒油的廚餘或剩飯，既可減少垃圾，又能物盡其用。若果養得太成功而濾箱內的蔬菜無法完全吸收魚屎營養，便干脆用魚缸水來作為灌溉其他農作物的「肥仔水」，使得每次淋水都有施肥的效果，令蔬菜快高長大。

為了令魚兒食得開心，我還用小型收納膠箱，在其兩邊和箱底鑽孔然後加封密網，放入廚餘來養蚯蚓，做很多城市人都害怕的蚯蚓堆肥。蚯蚓是在網上購買的外來品種，食得、瞓得、捱得，只要濕度溫度合適，便可不斷進食和繁殖，為魚兒提供源源不絕味美肉鮮的蚯蚓刺身。牠們處理廚餘的速度驚人，在吃和排之間把廚餘變成含豐富有機質和氮的肥料，供應花盆或植牀裏的農作物使用。由蚯蚓的進食活動而產生的液體，亦可從箱底小孔收集，充當農作物喜歡的「肥仔水」。由於是自家製造非專業的液肥，肥力有多強不用深究，只要把它加入灑桶內，然後用清水開稀來使用便可。若要說原則，只有一句：「宜稀勿濃」。

魚菜共生和蚯蚓堆肥一起使用好處多多；除了美化家居，達到自家生產食物的效果之外，還可處理剩食。最重要的是從近距離學習一條由有機物、無脊椎生物、昆蟲、魚和人類組成的食物鏈，令吃東西變得更科學，更有趣味。

除非有天台或花園，若是在普通的住宅大廈種菜，其實並不容易，窗台或露台地方有限，只夠栽種少量農作物，若果依牆搭個小瓜棚或許可讓兩株朱古力車厘蕃茄或沖繩小苦瓜攀爬。然而，室內陽光不夠，始終是栽種農作物的致命限制。有人會利用植物燈和時間制來定時為植物補光，但始終不是太陽光，在缺乏日照的環境下，試驗性的種車厘蘿蔔、40日菜心、沙律生菜等栽種日子較短的品種還可。若妄想挑戰粟米、西蘭花或節瓜等要求較多的農作物，恐怕只會是自討沒趣。

泥土方面，室內的空氣流動和蒸騰作用都較慢，植土不能太多有機質，否則容易由於水分滯留，引至根部腐爛，故可選用既疏水又透氣的沙質泥土，但由於水分和營養流失較快，淋水和施肥都不能懶，否則種出來的都是發育不良，又幼又矮瓜菜。

除了勤淋水、施薄肥，「肥仔水」亦能派上用場。

癮」的城市人，那是結合製造堆肥連同自動釋放的方法。有沒有試過將茶葉、咖啡渣、蛋殼或果皮等廚餘鋪在泥面，期望達到施肥的效果，卻引至惡臭和蚊蟲滋生呢？這些臭味和小蟲是堆肥時出現的正常情況，只是在家中進行，難免會對家人造成滋擾。若將有機東西放入一個底部沿邊剪掉的透明膠樽，把樽蓋棄掉，然後倒置插入泥土中，再將剪出的底部蓋上，便成為一個堆肥樽了。由於膠樽透明，便能監察樽內有機物分解的速度，若發現分解得七七八八，便可隨時加添。分解過程製造出來的「肥仔水」，會自動向下流入泥土中，供蔬菜使用。

若不養魚亦怕蚯蚓，我還有另一個製造「肥仔水」的方法，同樣適合又忙又「周身

家居種植的挑戰性往往較大地耕種更大，但不是不可能，重點是要變通，把解決問題變成學習耕種的習作。況且在家中進行便佔盡了天時和地利，只是需要多加三分創意，七分膽量。將農夫看見會微笑的紅菜頭、白苦瓜、紫椰菜或綠蕃茄帶回家之外，亦一併為它們帶來田中的不同環境狀況，並各種生物朋友，使我們可以全面地體驗耕種、觀察自然，慢慢學習我們城市人一直嗤之以鼻的共生關係。

23 自私的基因

換一個角度，喜歡自然的人同樣有「自私的基因」，不同的是，這條基因令我們想保存而非破壞。自私的基因喜歡花草樹木、高山流水、穹蒼星宿、傳統文化、舊日生活，喜歡用手來思想、用腳去觀察等有違主流的想像。

儘管你對雀鳥的認識不多，塘鵝是什麼模樣你一定知道。香港是有塘鵝的，名字是卷羽鵜鶘，是不是光聽名字，便能想像牠如何漂亮！這種來港渡冬的候鳥，2009 年那唯一的一隻在春天飛走後，便沒有再回來。

我開始學習辨認雀鳥時，每年 12 月都會帶着雀躍的心情去米埔，踏着半浮的橋，穿過廣東最大的紅樹林，進入黑暗的觀鳥屋。我架起單筒望遠鏡，然後靜待潮退。不一會，一球球黑壓壓的鳥浪湧而至，由幾十到幾百隻雀鳥組成，由左飛向右，又由右飛向左，向高處衝，向泥灘掠過，尋找最有利的覓食位置。可是，場面再震撼，我都沒興趣仔細觀看，便是世界稀有的黑面琵鷺羣大駕光臨，我亦不感興趣。因為，我要塘鵝！

無奈自2009 年的冬天開始，那羣大約 10 多隻的卷羽鵜鶘沒有再回來了，究竟是去了其他地方過冬？還是已淪為盤中物？身為前線的保育人的我，從多年在國內野味市場做普查得來的經驗，心中有數。我只是自我催眠，然後給自己再入米埔的藉口，希望在那片廣闊的泥灘上，能再看見牠們笨重的身影，然後細味昔日不識鳥的懵懂畫面！

這個年頭，人類的權利和生活價值都被漠視和扭曲，更遑論那些美味、可愛，又或是凶狠的動物呢？說什麼尊重和守護，無疑是有違本性，目的只為滿足自我的偽善行為。是的，我明白自己是偽善的人。我喜歡動物，但認為人類擁有雜食性生物的腸臟結構，於是我只能多菜少肉；我不夠忠誠，不能為了牠們而完全抽離現實的限制；我強迫不到自己不斷去學習和進步，我屈服於這個不夠靈活的腦袋！

為了心安理得，我找了能安撫自己的論述，那便是生態學上的演替（succession）和共生（symbiosis）關係。演替是指若果外在環境因素持續，植物羣落的成分會不停地改變，先是矮小的地衣苔蘚，接着是灌叢和矮樹，最後是又高又大的喬木。而共生便是指在同一片生境，不同生物之間微妙的互動關係，可能是雙贏的互惠共生，又或是只有一方得益的片利共生。而英國進化物理學家道金斯（Richard Dawkins）的《自私的基因》（The Selfish Gene）便嘗試解釋引發這兩個現象的原因。

他說，每種生物裏面都有一條「自私的基因」，雖然方式不同，但目標都是為了讓自己希望的事情發生，再尋找或感染同好，以便建立一個穩定平台，使事情得以保持並繼續擴展，結果不同生物運用各自天賦的「異能」霸佔資源。草地上的樹苗努力生長，為了霸佔最多的陽光，不惜把曾經為自己保護水土的小草陰死，小樹不知道它被「自私的基因」蒙蔽了；榕樹的種子落在別的樹幹上發芽生長，多年後為了得到更多的空間和養料，不惜把該樹絞殺，這也是「自私的基因」的所為。這種源自基因的意志，以「不知道」為催眠咒語，單純得可怕！

其實，人類也有這條「自私的基因」，那些貪婪的掠奪、無情的殺戮都不過是為了令自己繼續生存的潛意識，他們所作的他們不知道！然而，不知道為什麼，我知道，感到無奈、惋惜，但不能憎恨。換一個角度，喜歡自然的人同樣有「自私的基因」，不同的是，這條基因令我們想保存而非破壞。自私的基因喜歡花草樹木、高山流水、穹蒼星宿、傳統文化、舊日生活，喜歡用手來思想、用腳去觀察等有違主流的想像。你是否閒來無事便想去郊外，或是遠足、或是下海、或是賞花，甚至耕種；你是否覺得用手做的東西都有性格、有情、有固執、有靈魂，看見什麼手工麪包、皮袋、圖章、茶壺、木椅等東西，便是不能擁有也覺得與別不同，想多看幾眼，多摸幾下？

由於愛自然，我愛上了台灣，喜歡感受那裏的自然文化、小社區情懷和重視細節的生活，其中我與花蓮最有緣。在那裏，能看到生態人的自私基因如何在社區裏各個細節發揮威力。

每年4月，鯉魚潭裏螢火蟲的數量是最多最易親近的。那裏有香港20年前的黑夜，山路是伸手不見五指，但即使山路再黑，賞螢的遊人再多，他們的電筒都不會太亮，更不會亂照。他們愛惜螢火蟲，也尊重其他賞螢的人，賞螢本來便應該如此。

在松園別館裏有幾株粗壯高聳的老松樹正被打點滴，牠們感染了松材線蟲。香港的馬尾松在80年代曾受這種病症肆虐而大量死亡；松仔園的松樹亦受重創，自此一蹶不振。我想，台灣的自然科學真的比我們先進，那兒的生物學家比我們更愛樹，連病了的樹都設法醫治，而非砍掉便算。

有一個叫光合作用的農場，我在裏面找到稻田、鴨子和淺水溝裏的小米蝦，這豈不都是我們在黑白舊照片中的景象嗎？我愛聽農夫娓娓述説，如何因愛土地、愛自然和愛人，一家人如何放棄穩定的工作，還有方便、舒適的生活，隨性、隨心謙卑地向自然學習，用雙手栽種食物。香港是國際金融中心，沒有太多適合的土壤栽種農作物和栽培農夫，要本土農作物的自給率回復 70 年代的水平，是遙遙無期。

「花蓮好事集」有機農墟，將花蓮各地不同的自然同好聚集起來，每星期一次，與城市人分享他們自豪的有機農產品、傳統的地方食品、由自然而來的藝術創作，還有唱出自己的生活、夢想和困惑的歌曲。那份坦蕩的親切，令人想起遺忘已久的睦鄰關係。

在花蓮樸門（Permaculture，是 permanent、agriculture 和 culture 縮寫，解為永續農業）裏，我找到自私基因的真正威力。為了令愛地球、愛人和與人分享的信念得以發揚光大，他們利用工餘，甚至是放棄舊日生活，積極推動樸門的生活方式，舉辦各類型永續生活的研討會、學習班、課程和義工培訓，在社區聯繫「慢活」同好，落鄉推動有機網絡，身體力行地測試各種永續的論述，成功地建立一個各地慕名模仿和學習的生活模式。他們漂亮地在金錢世界裏，成功佔領了一片有情、有義、有未來的空間。

縱然我們這羣懷有另類「自私基因」的人，在現今世代都是小眾，但我們仍努力貫徹它的特性，找同伴、搶資源、霸地盤，經營適合我們生活的穩定空間。即使現實殘酷，很多我們珍而重之的生態環境和文化事情都先後毀滅，消失得無影無蹤。但不用難過，由痛心它消失的一刻開始，它已成功進入我們的回憶裏，讓我們隨時享受和回味，把重現消失了的事物、關係和情感，作為活着的使命。

四　人在田（下）

生態人的**書桌設計** // **魚菜共生**裝置藝術
辦公室**天台菜園**規劃 // **食物森林**的打造
螢火蟲**復育實驗** // **永續農業**示範區設計
荒田復耕的規劃

第五部

附錄：永續生活中的設計案例

24 生態人的書桌設計

生態是全天候的學問，除了動植物之外，更涉及天文地理、風土文化等不同知識。但在香港，發展時間尚短，坊間的資料不是不夠全面，就是時有更改。故此，專業的生態人要常更新互聯網和書本雜誌上的最新資訊，加上實踐，才能得到較全面而準確的生態知識。

書枱是我的工作枱，除了在這裏上網、看書、做筆記、整理相片和影片外，我還會飼養並觀察不同生物、種植不同植物、製造不同裝置，從中實踐不同的理論，驗證不同學說。這段日子，我研究的是……（對於圖片稍作介紹）

小型飼養箱
顯示器
三腳架
參考書
植物燈
田螺
燈
螢火蟲飼養箱
攝影工具
水族箱
魚菜共生

25 魚菜共生裝置藝術

2013 年 10 月，我在大澳的二澳農作社門外設置了這個合共有一個 80 厘米直徑的大木桶和兩個分別長 50 厘米和 30 厘米的植牀。當中飼養了可供食用的寶石魚和供觀賞的金魚和玉如意（觀賞魚）。

目的	配合大澳旁邊的二澳村的有機復耕而製造的裝置。以混合耕種的原理，將食用蔬菜和功能香草種在一起。期望將永續農業在善用空間、配搭不同的生態元素和善用不同的資源的理念，在社區實踐。藉着這個裝置，參觀者可以輕易明白養料的不同狀態和功能，還有魚類和植物之間的有趣關係。
現況	仍在運作中，需要餵魚、定期修割蔬果、修剪功能香草和更換當茬作物。

設備

魚池／ 膠幕水池（1.6m 直徑 x 0.8m 高）／ 植牀／ 蘭石植土（園藝舖有售）油布／ 一些接駁用的喉管／ 水泵兩台／ 暖管（一般水族舖有售）

蔬菜

大部分的葉菜，如菜心、芥蘭、生菜、油麥菜等
大部分的瓜類，如矮瓜、青苦瓜等

魚種

寶石魚（食用）

金魚、玉如意、錦鯉等（觀賞）

魚糧

有機魚糧、有機菜頭菜尾等

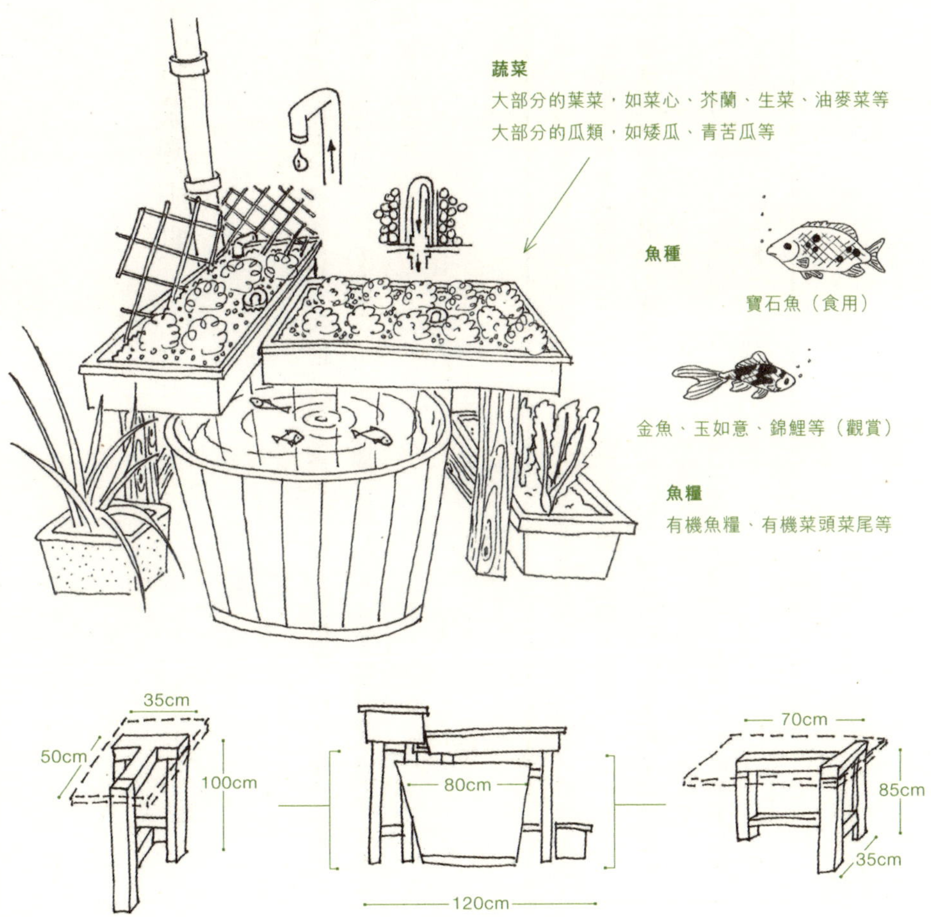

26 辦公室天台菜園規劃

2013年6月，應在突破青年村工作的朋友邀請，到為他們計劃中的有機天台菜園，給予永續農業規劃和日後實踐上的意見。除了種植農作物，還會回收飯堂的廚餘作堆肥，實踐善用資源理念。

目的	有興趣參與耕種的同事來自不同部門，希望藉着這個非常方便，只在辦公室樓上的菜園來體驗一下親手栽種食物的樂趣、困難和智慧。藉着回收物件作植牀、園藝裝置或肥料來驗證資源回收和循環再生的技術。
現況	仍在運作中，規模慢慢形成，越來越似當初的構想，栽種、回收和製造堆肥的工作都在持續進行。

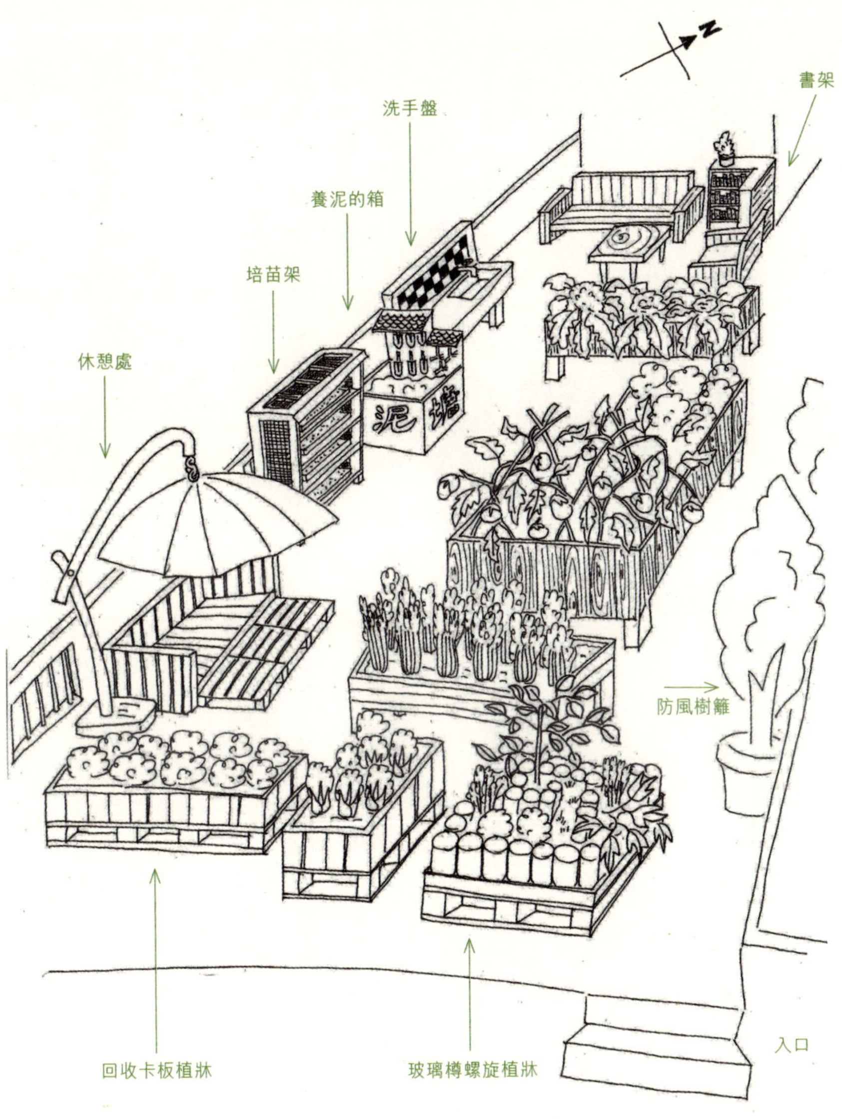
書架
洗手盤
養泥的箱
培苗架
休憩處
泥
防風樹籬
回收卡板植牀
玻璃樽螺旋植牀
入口

27 食物森林的打造

2012年我在馬屎埔村入口處，開始把那片接近一斗的半荒廢的農田改為食物森林，我保留了當中的香蕉和蕃薯，然後再按食物、文化、建材和生態等四個影響鄉村永續發展的主題，栽種了不同的植物。

我所挑選的植物全都是可以不用照顧，天生天養的植物。

目的	期望有穩定的植披之後，這片樹林可以提供農民或村民一些衣食住行上的材料，並且成為農村生物的家。 再長遠一點的，就是希望這種土地使用的模式，能擴展開去，為日後儘量自給自足和減少對生物燃料的依賴的永續生活打好基礎。
現況	寫稿時仍在運作中，但由於東北發展一觸即發，能否保留實屬未知之數。

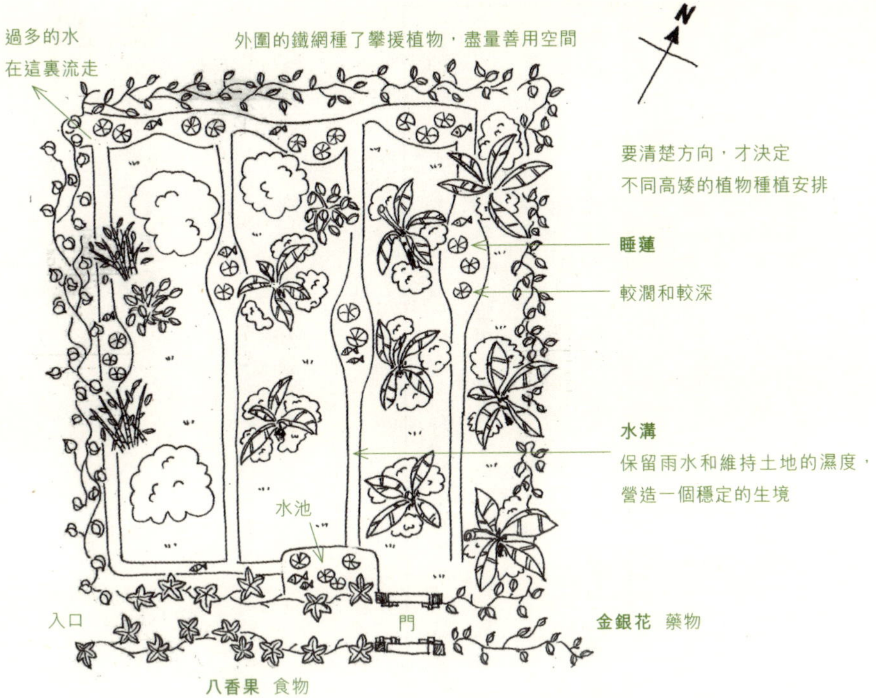
過多的水
在這裏流走
外圍的鐵網種了攀援植物，盡量善用空間
N
要清楚方向，才決定
不同高矮的植物種植安排
睡蓮
較潤和較深
水溝
保留雨水和維持土地的濕度，
營造一個穩定的生境
水池
入口
門
金銀花 藥物
八香果 食物

竹 可作建材和家具，竹筍可吃
檸檬樹
蕉樹
咖啡樹
馬藍 藍色的染料植物
水溝
水溝

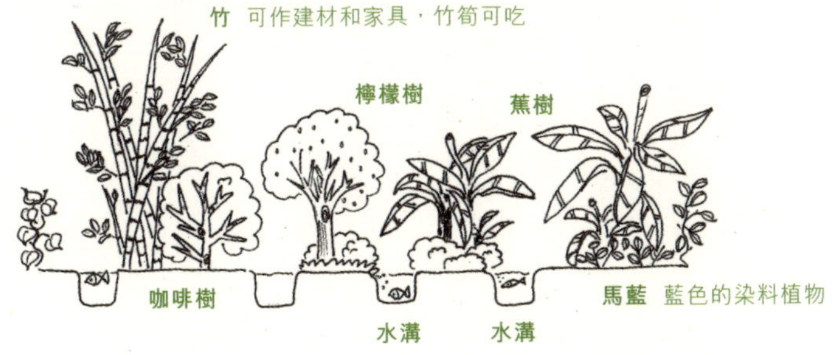

28 螢火蟲復育實驗

馬屎埔村部分農地在 2010 年開始轉為永續的有機耕作，2011 年我在有機田入口處建造了這個只有兩行田的螢火蟲復育區。

目的	一方面營造一個適合一種村中常見的寬緣窗螢居住和繁殖的空間，期望以其幼蟲嚐食蝸牛的習性，來控制蝸牛的數量。另一方面為村內農地生態導賞活動，提供一個方便講解的裝置。
現況	寫稿時仍在運作中，同樣因於東北發展一觸即發，能否保留實屬未知之數。

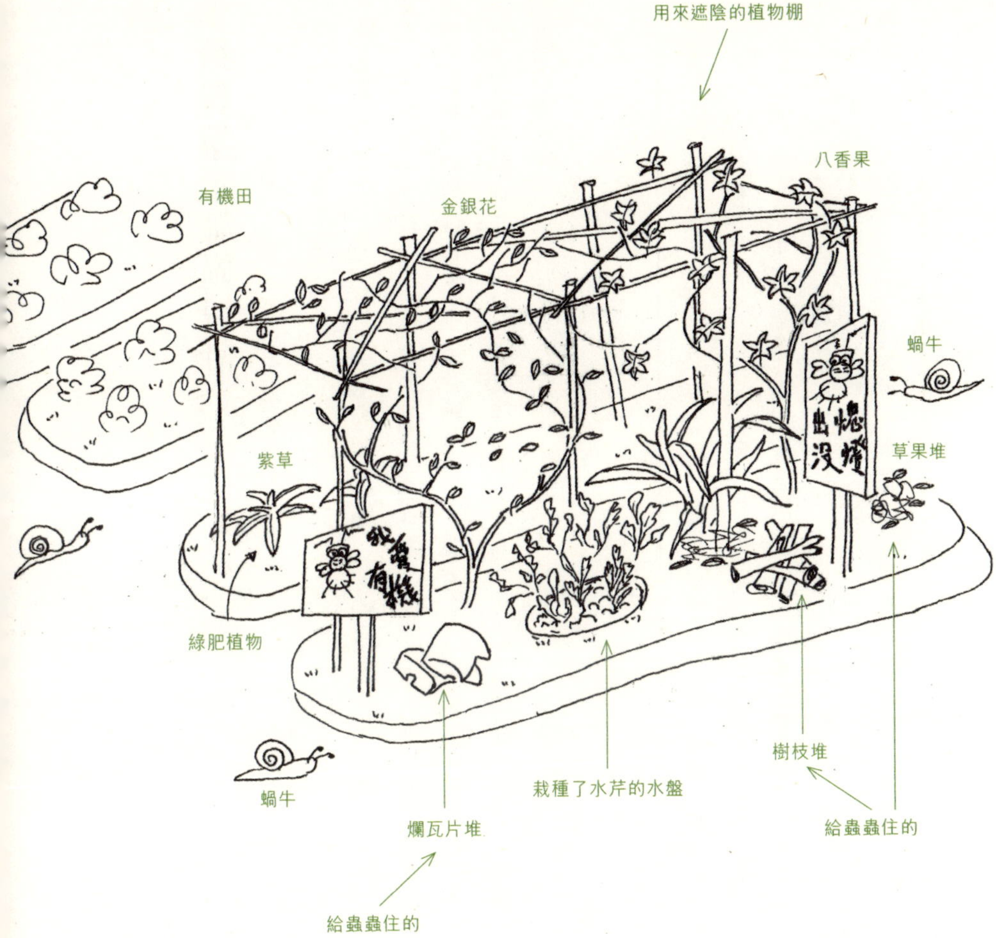

用來遮陰的植物棚
八香果
有機田
金銀花
蝸牛
紫草
草果堆
綠肥植物
樹枝堆
蝸牛
栽種了水芹的水盤
爛瓦片堆
給蟲蟲住的
給蟲蟲住的

29 永續農業示範區設計

2013年11月，基督教社會服務中心為慶祝他們第10年的回饋社區服務合作，決定在一貨車停泊空地，以永續農業和環保的理念，舉辦一個為期三個月的城市耕種體驗活動，包括有機耕種、堆肥、資源循環再用、慢活等，城市人在日常生活中普遍容易忽略的智慧和生活態度。另外，參加者還需要每月一次，入場照顧自己那組的農作物，並學習如酵素製作或染布等手工。

目的	場內劃分了耕作區、休憩區、耕種示範區、魚菜共生等，讓城市人體驗有機耕種的樂趣，並學習永續生活和善用資源的內容。大部份的場地裝置，例如植牀、休憩區、洗手盤的架或蚯蚓屋都是以卡板製造，期望藉此推廣和示範木材資源循環再用的方法。
現況	活動已經結束，各裝置將會被送到建材公司的其他地方繼續使用。

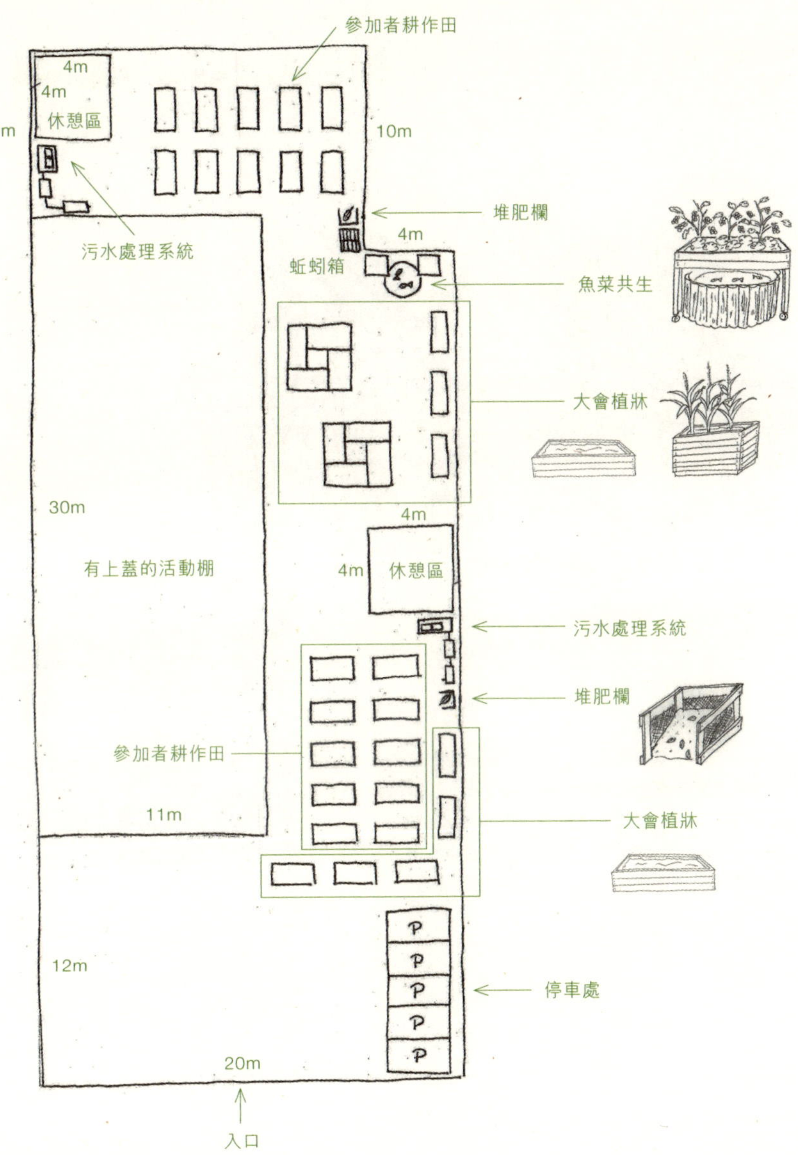
參加者耕作田
4m
4m
休憩區
8m
10m
堆肥欄
4m
污水處理系統
蚯蚓箱
魚菜共生
大會植牀
30m
4m
有上蓋的活動棚
4m
休憩區
污水處理系統
堆肥欄
參加者耕作田
11m
大會植牀
P
P
P
P
P
12m
停車處
20m
入口

將魚類飼養和蔬菜種植結合，共同生長的應用設施。其原理在於利用魚的排泄物，經由抽「水」泵輸送至蔬菜種植池，水中的廢物成為有利蔬菜生長的肥料。經過濾淨化的水又會循環回流到魚池中給魚使用。這種利用水循環交換的設備，使兩種生物互惠合作生長的方式，稱為魚菜共生。

蚯蚓堆肥

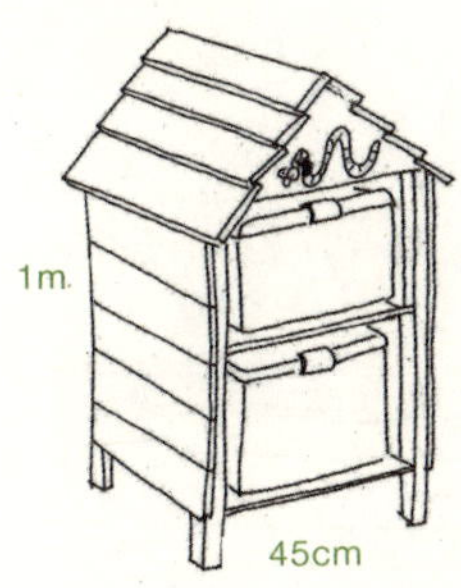

回收社區的廚餘拿去餵蚯蚓，蚯蚓消化後，排出的糞便是優質的有機肥料，這比其他分解廚餘的方法，
有更多優點：

- 蚯蚓消化廚餘的效率極高，堆肥箱佔用的空間相對較少；
- 蚯蚓喜歡鑽動，可省卻翻動堆肥的工作；
- 蚯蚓繁殖能力強，只須簡單操作，堆肥箱便可持續運作；
- 蚯蚓堆肥依賴自然生物原理運作，不會耗用燃油或電能；
- 蚯蚓堆肥箱可置用於家居，減少運輸廢物集中處理相關的燃料消耗、衛生及污染問題；
- 繁殖出來的蚯蚓可以作為魚的糧食。

參加者耕作田

20 個（2m x 1m x 0.4m）
以回收卡板製造，只需以沙紙機打磨，便可成為漂亮的帶天然木紋的植牀。植土以牛屎肥作為基肥，之後再視乎農作物生長情況，施以雞屎肥、花生夫、骨粉、海草肥等不同肥料。

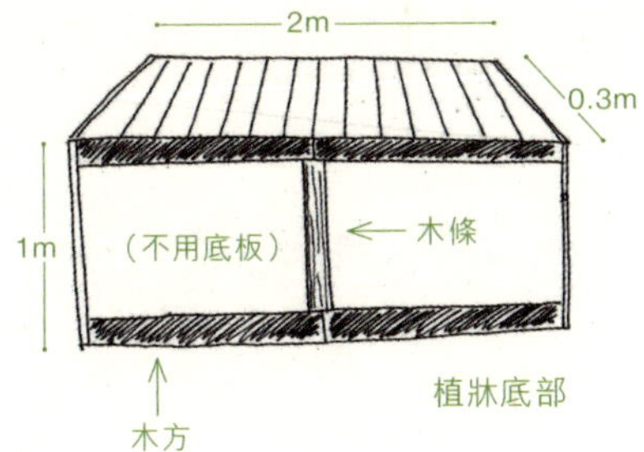

而農作物可以：

1. 在活動之前先培好菜苗，當天讓參加者做移苗的工作。
   當中要有像西蘭花一類，栽種時間較長或像蕃茄一類收成期較長的農作物。
2. 讓參加者直接在田裏播種亦可。

以回收卡板製造不同面積和高度的植牀，將它們有致地放置在場地之中，發揮間作和點綴場地的功能。
這些屬於大會的植牀，以栽種香草或客戶沒有的蔬菜品種為主。

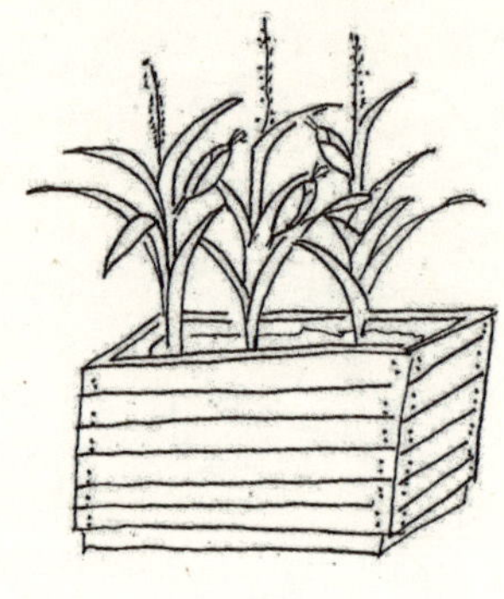

植牀 回收卡板自造

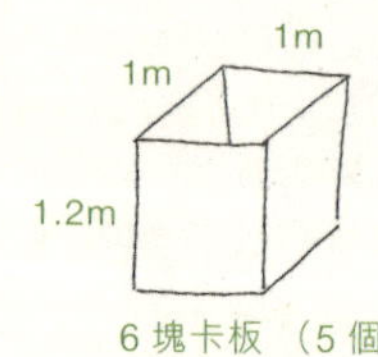

6 塊卡板（5 個）

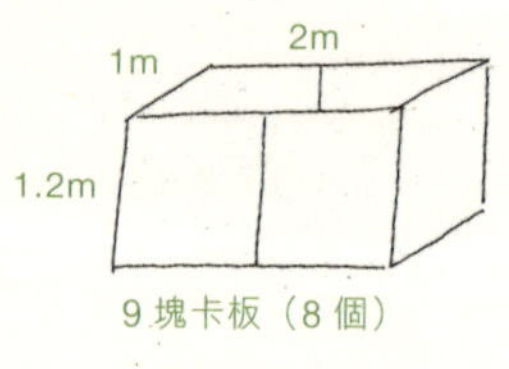

9 塊卡板（8 個）

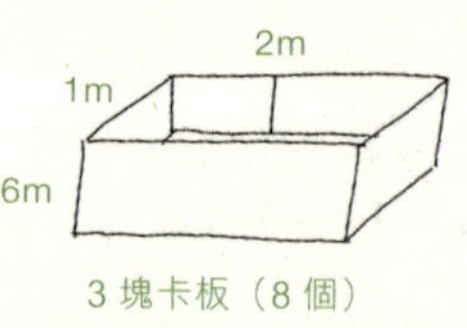

3 塊卡板（8 個）

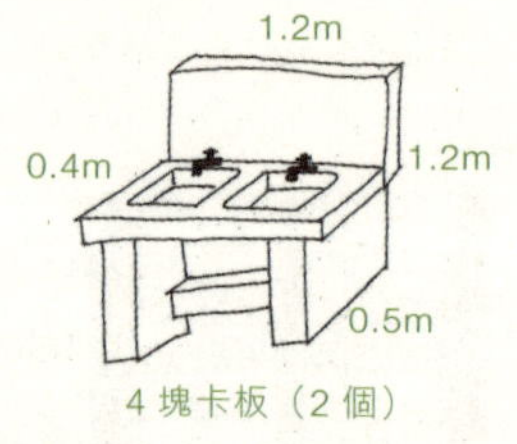

4 塊卡板（2 個）

粟米、魚翅瓜、紫葉蕃或薯仔：先培苗
香草——香茅、金蓮花、薄荷：買苗 / 先培苗
菊科——茼蒿 / 生菜：先培苗

香草（金蓮花）

混合耕種

堆肥欄

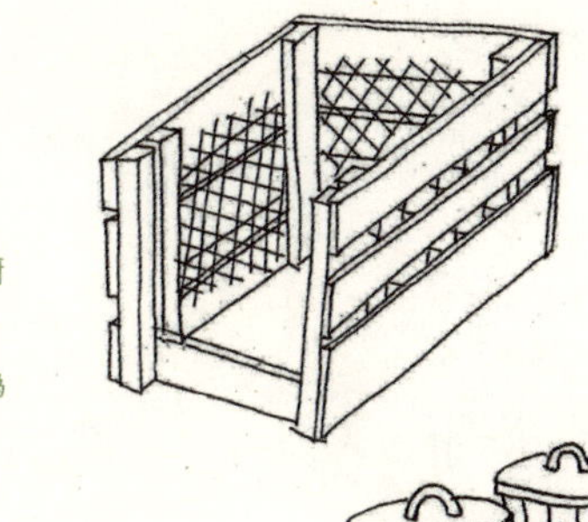

3 個（1.2m x 1.2m x 1m），回收卡板自造。
自製堆肥是有機耕種的基本要求，只要把雜草和廚餘以 25：1 的比例，以帆布蓋好，讓其自然發酵，期間作適量的翻肥工作，堆放三個月左右使可成為栽種作物的肥料。

** 可以活動當日請不同家庭自携家中廚餘。*

生活「污」處理

可由生物分解的生活「污」水，主要是清洗用品或洗手後的水，當中不能含有化學清潔劑（天然成分的除外）。
這些污水，經處理後可以作灌溉之用。除了可有效使用水資源外，用來吸收污水中的有機物的水生植物，也可成為堆肥的材料，而這些水亦可用來營造場地的水生景觀。

30 荒田復耕的規劃

2013年2月，我應邀進入大嶼山的二澳，為他們剛開始的復耕工作，在場地規劃上，以永續農業的原則提供意見。那是一片有幾十萬呎的梯田，旁邊有一溪水全年在流，整個場地被樹林環抱，生機十足。規劃上的建議即耕地的座向、梯田的結構和形狀、水源的運用和發展的目標等。

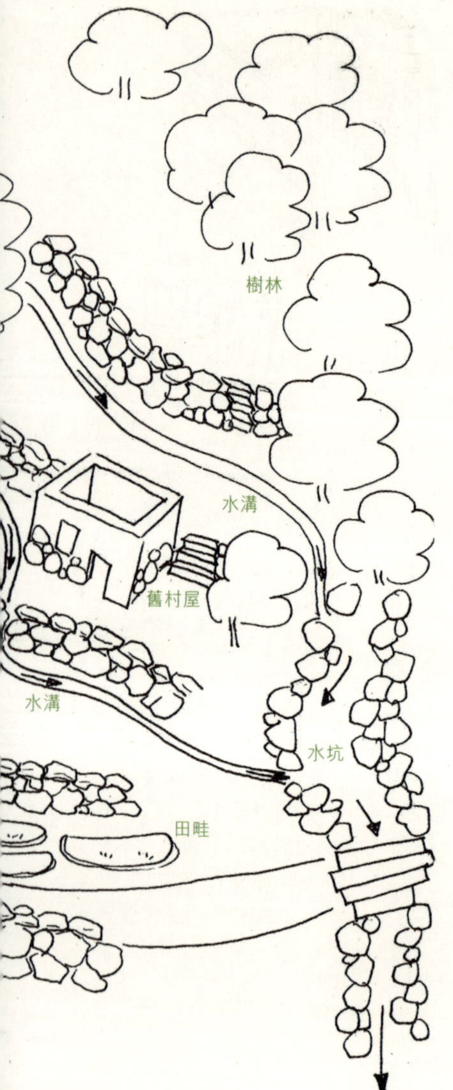

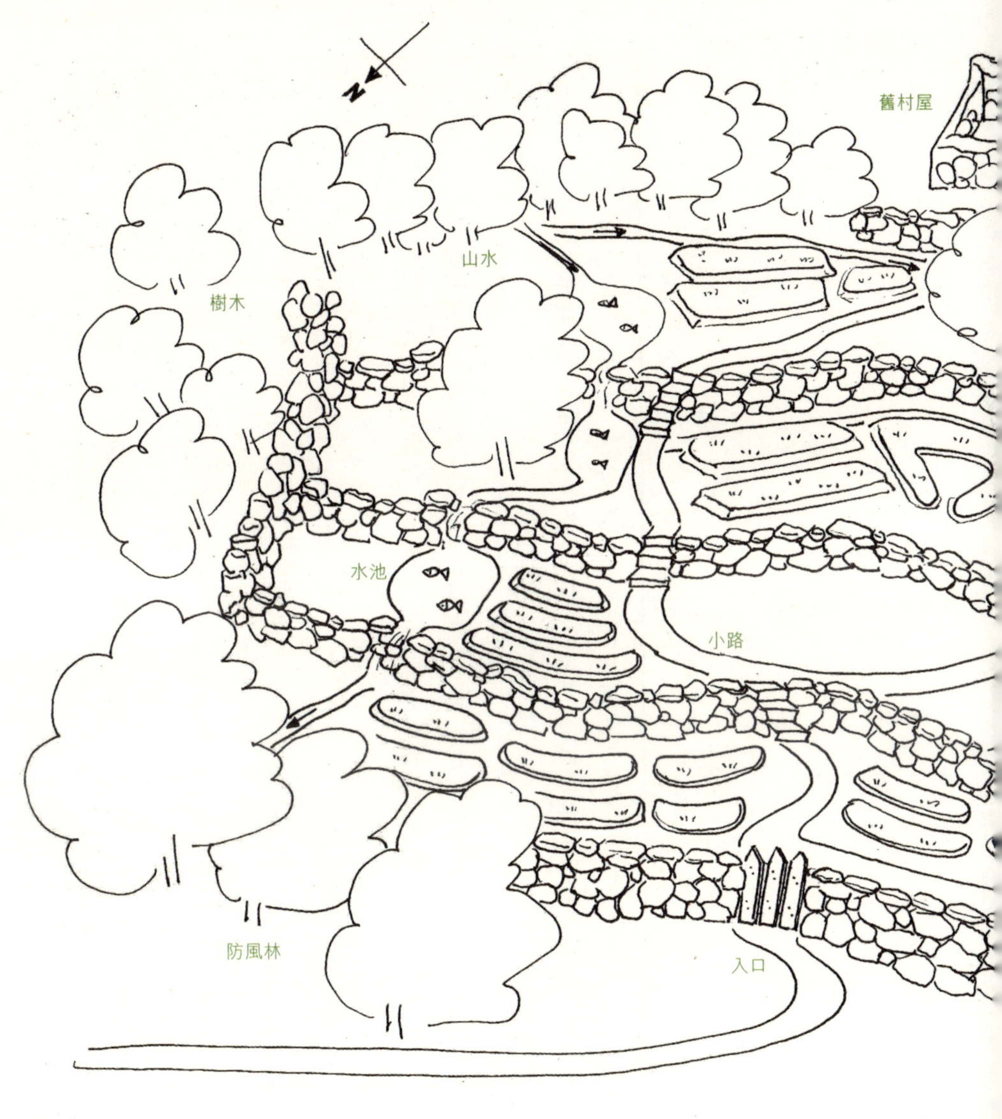
舊村屋
山水
樹木
水池
小路
防風林
入口

目的	開水道和蓄水池，除了增加溪水停留在農田中的時間，還可以方便灌溉的工作。 儘量依照昔日農田的位置和模式，重新整理梯田，級與級之間照樣砌建大石礐，作鞏固田邊之用。 挖掘不規則的田畦，儘量有較使用土地。 在田裏、四周栽種矮小的果樹、香草和生態植物，以增加農產品的種類和穩定生態環境。 昔日村民居住的「泥石屋」雖然已經倒塌，若果保留及整理剩餘部分，一方面可讓訪客知道舊時村屋是什麼模樣，另一方面又可保留地方文化，增加在地感。
現況	寫稿時復耕仍在進行，水坑、水池、田礐、田畦等基本的農業建設已完成了大部分。地上已經再有食物出產，一步步朝全村復耕的目標進發。

五　附錄：永續生活中的設計案例